U0162393

智能社会治理丛书

丛书主编：刘淑妍　施骞　陈吉栋

本丛书由国家智能社会治理综合实验基地
（上海市杨浦区）组织策划和资助出版

人工智能伦理案例集

Cases on AI Ethics

杜严勇　陈曦
|
主编

上海人民出版社

—— 智能社会治理丛书 ——

总序

随着大数据、云计算、人工智能的研发迭代与应用的不断深入，社会治理迎来了智能时代范式转变。智能社会治理构成了中国式现代化的核心内容与重要保障。然而，智能社会治理的内涵为何？方法为何？如何规范？在世界范围内尚缺乏有效的理论支撑与实践经验，亟待理论、政策、实践的不断探索。习近平总书记高度重视人工智能的社会适用性问题，2018 年 10 月 31 日，在十九届中共中央政治局第九次集体学习上指出，“要加强人工智能发展的潜在风险研判和防范，维护人民利益和国家安全，确保人工智能安全、可靠、可控。要整合多学科力量，加强人工智能相关法律、伦理、社会问题研究，建立健全保障人工智能健康发展的法律法规、制度体系、伦理道德”。遵循习近平总书记的重要指示，我国在智能社会治理领域进行了积极的探索，政府机关、高等院校、组织单位等均投身这一伟大实践。推动智能社会治理基础理论、方法路径与实践案例的研究，正当其时。这套智能社会治理丛书是同济大学与上海市杨浦区共建国家智能社会治理实验综合基地的研究成果，是基地全体成员共同致力于智能社会治理伟大实践、探寻智能社会治理基本规律的努力之一。

一、智能社会治理的实验探索与目标

与以往任何一种技术都不相同，人工智能既具有技术属性，也具备强烈的社会属性。人工智能天然包含着“辅助人类、增利人类、关怀人类”的技术理想，然而其治理情境却包含着复杂的伦理、道德和价值边界的判断。随着人工智能技术的持续迭代，人工智能的研发环境和应用场景的隐秘性和不透明性，给社会感知带来更多不确定性。建立在这一技术基础上的人工智能时代是一个高度技术化的社会形态，催生着更为系统且具有延续性的技术风险，也蕴含了治理智能社会风险的基因。发现、认知并有效防范智能技术被广泛应用所带来的可能风险，构成了当前人类共同面对的治理议题。

为了有效推进人工智能社会治理创新实践，探索可以复制推广的共同经验，2021 年 9 月，中央网信办联合国家发改委、教育部、民政部、生态环境部、国家卫建委、市场监管总局、国家体育总局等八部门正式发文，在全国布局建设十个国家智能社会治理实验综合基地和八十二家特色基地，表明了中国率先探索搭建一批智能社会治理典型应用场景，总结形成智能社会治理的经验规律、理论、标准规范等，为世界迈入智能社会贡献中国方案的决心。杨浦区联合同济大学成功入选国家智能社会治理实验综合基地建设名单。

二、基地的建设进展与特色

自入选至今，区校通过聚合多主体参与，整合多学科力量，共同致力于智能社会治理的探索与实践。以基地建设为牵引，推动城区智能场景建设及数字化转型不断发展。大创智数字创新实践区获评市级首批数字化转型示范区，打造了首个政企互动、企业共创的元宇宙园区平台“云上之城”，实现基于数字城市的数据资产汇聚与增值。央视东方时空“中国式现代化——高质量发展”特别策划栏目推出专题报道，聚焦关键词“更精细”，通过五角场街道“温暖云”、长白新村街道“智能水表”、控江路街道“智慧停车”、殷行街道“智慧车棚”四个典型案例，深度报道了杨浦区通过数字赋能基层治理，助力社区更精准地提供服务，更好地满足群众需求的成果。在中央网信办、国家发改委、教育部等八部门联合印发关于国家智能社会治理实验基地评估情况的通报中，杨浦基地入选工作进展明显、成效突出的综合基地名单，在全国十个综合基地评估中名列前茅！

智能社会治理在注重法治、德治、自治等社会治理模式之外，更聚焦于数治与数智对社会治理的影响及未来发展。智能社会治理是一种现代科技治理，强调技术规则的作用。为了探索智能社会风险的发现—识别—管理的根本规律，需要在更为开放的社会空间中，进行长时期、多场景、重开源的社会实验。为此，基地充分发挥同济大学综合性大学的学科优势与杨浦区丰富的场景优势，借助网络信息技术、大数据技术、人工智能识别技术等新兴科技手段，强调多元主体合作，宣传积极治理、敏捷治理的基本理念，探索通过技术规则来调整人的行为，推动治理对象与治理主体的不断对话与融合，最终达至伦理、法律与技术之间的新的动态平衡。

基地的建设离不开区校的密切协作，更源于科学的顶层规划。首先，重视场景建设。结合杨浦数字经济发展及基层治理创新实际，有序推进相关社会实验项目开展，形成《生成式人工智能风险评估框架（1.0）》《“社区云”治理平台运行效果评估》等专题研究成果，依托基地建设的人工智能合规服务中心落地成立，展现了融合式人工智能法律治理新场景。其次，强化多元参与。区校已联合举办了两届世界人工智能大会智能社会论坛，2024年7月将迎来第三次合作论坛，来自人工智能、公共管理、社会治理等各领域的国内外权威专家齐聚上海，共同研讨推动负责任的人工智能发展。最后，加强组织领导。区校联合成立基地建设领导小组，组长由双方党政主要领导担任。同时深化区校联动工作机制，组建基地专家委员会，由区校相关部门双牵头成立工作部（组），推动各项工作落实落细。这些努力体现了区校始终坚持为国家智能社会治理探索前沿议题、积累实践经验、形成规范导则的初心使命，诠释了区校一直在杨浦这一人民城市重要理念的首提地，不断探求“人民城市人民建、人民城市为人民”的责任担当。

三、丛书的定位与特点

相对于智能社会的复杂巨系统，实验探索总是很有限的。我们需要在现有基础上，时刻保持警醒、不忘初心，密切关注国际前沿课题，立足中国发展实践，以人民需求为本，持续推进社会实验内容，及时总结智能社会治理的基本经验，形成可供参考的有益经验。在2023年下半年，我们开始策划出版一套智能社会治理丛书，试图将理论探索成果与社会经验研究集中呈现，期待在我国智能社会治理的广阔实践中及时推送我们的成果，做好宣传，服务社会，帮助更多的人了解智能社会治理，理解这一任务的艰巨性、复杂性和可探索性，共同推动和完善中国社会治理现代化发展新格局的建设事业。

集结成册的丛书成果主要源于国家智能社会治理综合实验基地（上海市杨浦区）、上海市人工智能社会治理协同创新中心与中国（上海）数字城市研究院的研究与实践团队，旨在以实践给养理论研究，以理论研究支持实践工作并在实践工作中验证更新。我们计划围绕智能社会治理的国内外进展、国家智能社会治理的总体规划、数字中国建设方略等，结合国内外尤其是上海城市数字化转型的实践需求，长期持续组织出版。目前摆在读者面前的是丛书第一辑。细心的读者会发现，第一辑的三册图书聚焦自动驾驶、数字骑手与伦理案例等典型场景，研究方法体现了较强的跨学科特色，严格贯彻了丛书的设计初衷，具有较强的现实关怀与实践面向。丛书第一辑从选题到研究成果集中展示了同济大学新文科建设规划目标，也是学校大力倡导的人工智能社会治理研究的最新成果，具有鲜明的同济特色。

认识智能社会、阐释智能社会治理的理论体系与实践方案，是摆在全世界面前的根本问题。我们要为国家智能社会治理实践提供智识，我国要为世界提供智能社会治理的中国经验，均需要更多的智力与资源投入智能社会治理的研究中。我们也将在更大范围内联合人工智能科学技术、社会学、管理学、法学与伦理学学者，进一步完善实验方案、打造典型案例、探索理论研究，多方协同，多维发力，联合持续推出后续丛书。

最后，衷心感谢全国人工智能社会治理实验专家组尤其是组长苏竣教授对基地建设的长期关注与支持。本丛书的组织策划和资助出版得到国家智能社会治理综合实验基地（上海市杨浦区）的大力支持，从申请准备到通过中期评估，区校共建智能社会治理基地也在“实验”中度过了近三年的时光，在此对所有支持、帮助和参与共建工作的领导、同事、朋友，以及丛书的作者们一并致谢。

刘淑妍、陈吉栋、施骞

2024年6月16日

目录

第三章

数据中心引发的生态伦理问题

第四章

算法歧视的伦理争议

第五章

算法推荐的伦理反思

第九章

情侣机器人的伦理冲突

第十章

人机交互中的安全事故

前言

近年来，人工智能（Artificial Intelligence, AI）的快速发展与广泛应用对社会各个方面产生了日益深刻的影响，受到社会各界的高度关注，人工智能伦理亦成为国内外学术界关注的热门话题。笔者在从事人工智能伦理教学与研究的过程中，初步收集整理了一些典型案例，逐渐产生了编写一部专门的人工智能伦理案例集的想法。在多位好友的鼓励与支持下，笔者组织了一支实力强大的编写团队，经过半年多的讨论、写作与完善，最终形成本书。

本书收集的都是近年来发生的真实案例，主要根据学术论文、媒体报道等资料编写而成，每个案例均由编写者单独署名。为了展示案例编写者个人的思想主张与写作风格，除了必要的文字润色与格式调整之外，本书尽可能保持案例编写者的原有写作内容。因此，本书中的案例风格存在一定差异，敬请谅解。另外，本书对案例的分类是相对的，比如案例 8.3 从严格上讲并不属于医用人工智能的范围，但考虑到该案例有其代表性，因此也被收入本书之中。

特别感谢西北工业大学张云龙教授的大力支持和热情帮助，使得本案例集得以顺利完成。感谢同济大学人文学院博士生吕宇静在本书编写过程中的辛勤付出。

本书是2020年国家社科基金重大项目“人工智能伦理风险防范研究”（20&ZD041）、同济大学2023年度学科交叉联合攻关项目（2023-6-ZD-02）的阶段性成果。

杜严勇

2024年5月

第一章

元宇宙与虚拟人的伦理问题

案例 1.1 《胖虎打疫苗》NFT 作品侵权案及其引发的伦理思考 *

1. 引言

元宇宙的发展离不开一套完善的经济系统，当前元宇宙经济系统的建立主要依靠区块链技术的支撑，其中 NFT（Non Fungible Token，非同质化代币或非同质化通证）作为一种架构在区块链上的加密数字权益证明，是一种价值物的数字化表征。[1] 虽然元宇宙的发展仍处于初级阶段，但 NFT 已经成为一种火热的数字资产。NFT 是区块链上一组带有时间戳的元数据，它与某个数字文件之间具有唯一指向性，它具体显示为一个网址链接或者一组哈希值，使用者通过链接或哈希值进行搜索，就能访问其指向的特定数字作品。并且，NFT 与区块链上的智能合约相关联，能够记录初始发行者、发行日期及每一次流转的信息。NFT 自身并不存储作品内容，只记录数字作品的相关数据特征。NFT 这一新兴技术已经成为数字经济领域不可忽视的研究热点，然而相关政策法规依然比较匮乏，因此迫切需要对其伦理风险、法律风险、经济风险进行讨论和思考。《胖虎打疫苗》NFT 作品侵权案是我国第一例 NFT 相关案件，它的判决结果对于 NFT 的规范建设而言具有重要意义。

---

* 本文作者为蒋鹏宇，作者单位为上海交通大学马克思主义学院。

2. 事件经过与争论

漫画家马千里在其微博账号“不二马大叔”上发布其创造的“我不是胖虎”动漫形象，这一形象受到许多网友的喜爱，并逐渐发展出一系列衍生作品，其中《胖虎打疫苗》就是马千里创作的插图作品。马千里与深圳奇策迭出文化创意有限公司（以下简称为“奇策公司”）在 2021 年 3 月签署了《著作权授权许可使用合同》，马千里授权奇策公司享有“胖虎”系列作品在全球范围内独占的著作权财产性权利及维权权利。Bigverse 平台是由杭州原与宙科技有限公司（以下简称“原与宙公司”）运营的 NFT 数字作品交易服务平台，平台用户可以通过该平台发布数字作品，并申请铸造拟发布作品的非同质化通证，即相关作品的 NFT，在铸造完成后，用户就可以通过平台与其他用户进行数字作品的交易。

在 Bigverse 平台上，用户“anginin”将马千里的作品《胖虎打疫苗》上传至平台并为其铸造 NFT，售价定为 899 元，该 NFT 作品的右下角甚至还带有“不二马大叔”的微博水印，作品描述中也提及本作品的作者为“不二马大叔”。2021 年 12 月 4 日，账户“点点滴滴”通过支付宝向“anginin”支付 899 元购买了该作品。之后奇策公司发现此事，将原与宙公司诉至法院，法院经审理后，在 2022 年 12 月 30 日作出终审判决，要求原与宙公司停止侵害《胖虎打疫苗》美术作品信息网络传播权的行为，并赔偿相应损失，由于仅删除图片文件不能达到销毁已铸造 NFT 的效果，原与宙公司需要将涉案 NFT 打入黑洞地址，即让 NFT 作品失去私钥地址，从而无法被追溯。

在该事件中，由于现有法律法规中还没有针对 NFT 作品的相关说明，法院在判决时将 NFT 作品视作“数字商品”，其交易模式本质上属于以数字化内容为交易内容的买卖关系，符合信息网络传播行为的特征，因此法院认定《胖虎打疫苗》NFT 数字作品侵害了原告作品的信息网络传播权。[2] NFT 作品虽然与其他数字作品相似，但其依托区块链技术的存在形式决定了它与其他数字作品在本质上的不同。正如在该案件中，怎样认定 NFT 作品的性质是主要的争论点。NFT 作品性质的模糊已经逐渐引发了一些法律风险，如 NFT 作品的拍卖行为可能带来的市场交易风险、虚拟货币炒作背后的金融风险、虚假宣传导致的消费者合法权益损害风险，以及知识产权侵害风险。[3] 此外，该案件反映了 Bigverse 这类 NFT 交易平台的监管责任尚不明晰。NFT 作品的有效监管如何实现？侵权行为产生之后如何在技术上消除不良影响？这些问题依然没有明确的解决方案。

3. 案例分析与讨论

3.1　NFT 作品的定位模糊问题

正如该案件的判决书所言，NFT 作品背后的法律、伦理风险主要源于其性质的模糊，这也是新兴技术经常面临的问题。单纯地将 NFT 作品等同于普通的数字作品并不妥，NFT 作品有着两个明显的特征，即标识唯一性和记录共识性。普通的数字作品经复制，并在庞大的互联网中传播之后，我们基本不可能对其进行信息溯源，因而难以保证其所有权的唯一性。而借助于区块链技术，自 NFT 作品被铸造出来开始，区块链上的所有节点都会通过智能合约记录其相关的标识信息，NFT 作品的每一次交易流转都会被所有节点记录下来，由于篡改所有节点的记录信息几乎不可能实现，所以这些节点所形成的共识保证了作品所有权的唯一性。也正是因为这样的技术逻辑，NFT 作品一旦涉及侵权，单纯删除 NFT 所对应的作品本身并不能像删除普通数字作品那样消除相应的负面传播影响。

NFT 作品的定位模糊必然会导致权利困境。NFT 作品涉及所有权、财产权、著作权、信息网络传播权等权利，如果不能明确 NFT 作品的所有者、创作者、传播者各自拥有怎样的权利，则其流通过程中必然会产生权利冲突。例如不受限制的铸造权会冲击 NFT 财产权利属性的正当性；NFT 指向的元数据存储于链外，一旦服务器停止，NFT 就会成为无指向数据，从而损害拥有者的权利。[4] 在本案例中，法院认为 NFT 作品具有虚拟性、稀缺性、可交换性和可支配性，可以被看作一种网络虚拟财产。除了这种“网络虚拟财产说”，学界针对 NFT 作品的法律属性还有“物权说”“债权说”和“财产利益说”等观点。[5] 我们如果无法对 NFT 作品的法律属性达成共识，则难以在各种权利产生冲突时进行正确的价值判断。

NFT 作品的权利困境不仅仅体现在数字世界，如何界定 NFT 作品与其所对应的现实世界作品之间的关系才是重中之重。NFT 作品所有权的转移只需在区块链上发布相关信息说明即可实现，那么其所对应的现实世界作品的相关权益应当如何认定？要解决这一问题，必然需要明确 NFT 作品的定位。如果将 NFT 作品的法律性质理解为权利凭证而非权利，那么 NFT 作品代表了元作品的权利权属，其转移不会涉及元作品背后权益的转让和许可，这就类似于现实世界中艺术作品原件与其所承载的著作权之间的关系，物权和知识产权可以共同存在。[6] 如果将 NFT 作品理解为元作品与数字凭证的集合，NFT 作品的转移就必然涉及元作品的权益转移。NFT 作品所对应的元作品又分为非 NFT 类型的数字作品和物理作品两类情况，并且在传统互联网机制与区块链机制并存的当下，一件数字作品是否为 NFT 作品的判断边界并不清晰，这些问题进一步增加了 NFT 作品定位的复杂性。

3.2 责任分配困境

在该案例中，Bigverse 平台所属的原与宙公司辩称一审判决要求的平台注意义务过于严苛，认为自己只需要承担一般的注意义务即通知删除义务即可。NFT 铸造、平台交易属于新型网络服务，如今并没有相关法律法规说明这类平台应该负有何种责任。本案中因为侵权用户“anginin”所上传的《胖虎打疫苗》作品右下角带有明显水印，在作品说明中也陈述了原创者信息，所以比较容易判断出 Bigverse 平台存在明显的审查过错。但法院的最终判决并没有明确这类平台的审查责任，如果侵权行为比较模糊，又该如何分配平台和用户之间的责任？《中华人民共和国民法典》(以下简称《民法典》) 第 1195 条规定：“网络用户利用网络服务实施侵权行为的，权利人有权通知网络服务提供者采取删除、屏蔽、断开链接等必要措施。”由于 NFT 作品具有特殊的技术特性，删除、屏蔽、断开链接都无法解决其带来的负面影响，这就需要未来法院针对 NFT 平台采取的必要措施给出进一步解释。例如以技术基础和法律目标为导向，根据网络服务提供者的技术能力和管控特征进行区分，界定必要措施的类型，采用比例原则对相关利益进行平衡，从而分析需要采取的必要措施的实效、规模和范围。[7]

除了需要明确 NFT 服务平台的相关责任，外部监管部门也应当承担针对 NFT 的风险监管责任。现如今，针对 NFT 作品的管理文件尚未出台，由于 NFT 的基础是区块链技术，因此 2019 年 2 月实施的《区块链信息服务管理规定》应将其纳入规制。在 NFT 行业内部，一些组织发布过相关规范倡议，如《数字文创行业自律公约》《中国数字藏品行业自律公约》《数字藏品行业自律发展倡议》

《关于防范 NFT 相关金融风险的倡议》等。然而，不管是政府规定还是行业倡议，都只是形成了某些价值共识，并不包含具体的实践指导，可以说针对 NFT 行业的监管是非常欠缺的。NFT 现实风险规制的需求及网络自由主义的悖论都表明，为了促成 NFT 价值的实现，监管的适度介入是必需的。[8]

3.3 NFT 作品的价值认同问题

NFT 作品能够被看作数字虚拟商品流通于市场，其价值来源于它的数字内容及去中心化的稀缺性、资产流通性和文化属性。[9] 但现在 NFT 技术依然属于小众技术，许多投资商和创业者在对 NFT 并不完全了解的前提下就投资入场，这些商业公司在广告宣传时往往会夸大其词。在市场管理尚未完善的环境下，NFT 作品经常被炒至天价，而这些作品的优劣差异明显，即便普通人也能感觉到许多作品的价值失衡。在本案例中，《胖虎打疫苗》的 NFT 作品售价 899 元，并且有用户进行了购买，其元内容不过是一幅简单的图片，即便有 NFT 技术的加持，这样的售价真的合理吗？消费者又如何避免遭到价格欺骗？推特公司（Twitter）创始人在 2021 年将历史上第一条推特内容制成 NFT 作品并以 290 万美元的价格售出，但第二年，该 NFT 作品在拍卖时的最高报价竟然都没超过 290 美元，价格缩水近万倍。在 NFT 市场中，投机行为频发，其交易和投资风险巨大，在价值认同无法形成共识的环境下，欺骗行为和金融风险等市场乱象都是难以避免的。

除了市场秩序尚不完善，NFT 作品无法获得有效价值认同的另一原因在于消费者对技术的认识和理解不足。以清晰、完整和尊重的方式向消费者介绍技术产品的内容和风险是技术工作者和商家的应有义务，但 NFT 项目往往只宣传机遇、投资，很少强调技术的局限性及其存在的社会风险，甚至有些厂商故意掩盖技术产品中的低质量内容。一些对该技术提出反对意见的计算机科学家和专业人士有时候还会被指斥为无知或者其他负面评价。[10]如果连技术专家都不能对技术应用产生有效的价值认同，那么普通消费者更难以认识和理解 NFT 的效用和风险。在技术应用之前、期间和之后，相关方应当就技术提出风险认知，以确保其服务于公共利益，而不是在价值认同仍处于混乱时就大肆宣传其经济效益。公众对技术产品的认知鸿沟是新兴技术发展过程中不可避免的问题，如何宣传教育 NFT 技术，公众对技术的认知边界在哪里，这些都是 NFT 技术获得价值认同务须解决的问题。

4. 结论与启示

《胖虎打疫苗》NFT 作品侵权案作为国内第一例 NFT 相关案件，引起了人们对该行业风险的讨论，此案的判决结果对于未来涉及 NFT 作品的事件具有一定的示范意义。作品本身权源的合法性，是数字作品 NFT 交易健康、有序发展的决定性因素。[11]明确 NFT 作品自身的性质定位、推动 NFT 作品的价值认同、合理分配相关责任，是确保 NFT 作品交易公平公正的重要基础。本案例及由此产生的社会讨论反映了我国尚无针对 NFT 作品的相关规制，让公众意识到了 NFT 作品背后的法律及伦理风险。NFT 的技术特性决定了侵权案件的事后补偿比较困难，但严苛的监管机制又容易限制 NFT 行业的创新发展。合理的监管应当结合技术特征及社会经济发展的实际，在规制与技术发展之间寻求一个平衡点，进而引导 NFT 技术得到正向的价值实现。

参考文献

［1］张英培:《NFT：技术逻辑、价值风险与监管路径》，载《当代传播》2023年第6期。

［2］深圳奇策迭出文化创意有限公司诉杭州原与宙科技有限公司侵害作品信息网络传播权纠纷案，浙江省杭州市中级人民法院（2022）浙01民终5272号民事判决书。

［3］程啸、王苑:《透视“元宇宙侵权第一案”数字艺术品法律风险如何规制》，载《光明日报》2022年6月11日。

［4］邓建鹏、李嘉宁:《数字艺术品的权利凭证——NFT的价值来源、权利困境与应对方案》，载《探索与争鸣》2022年第6期。

［5］李逸竹:《NFT数字作品的法律属性与交易关系研究》，载《清华法学》2023年第3期。

［6］陈吉栋:《超越元宇宙的法律想象：数字身份、NFT与多元规制》，载《法制研究》2022年第3期。

［7］张惠彬、于诚:《NFT数字出版平台视野下“必要措施”规则的检讨——以“NFT侵权第一案”为镜鉴》，载《新闻界》2023年第2期。

［8］杨东、梁伟亮:《论元宇宙价值单元：NFT的功能、风险与监管》，载《学习与探索》2022年第10期。

［9］陆建栖、陈亚兰:《元宇宙中的数字资产：NFT的内涵、价值与革新》，载《福建论坛（人文社会科学版）》2022年第8期。

［10］Catherine Flick, *A critical professional ethical analysis of Non-Fungible Tokens (NFTs)*, Journal of Responsible Technology 12, 10 (2022).

［11］孙山:《数字作品NFT交易平台负有著作权保护责任》，载https://www.spp.gov.cn/spp/llyj/202305/t20230515_614042.shtml，2024年2月26日访问。

案例 1.2　关于元宇宙游戏《地平线世界》性侵事件的伦理争议 *

1. 引言

随着美国公司脸书（Facebook）改名为 Meta，以及媒体对元宇宙的各类宣传，2021 年，元宇宙成为社会各界讨论的焦点，2021 年也被许多人称为元宇宙元年。元宇宙发展至今，最为成熟的领域当属元宇宙游戏，其中的代表性游戏有《地平线世界》（*Horizon Worlds*）、《罗布乐思》（*Roblox*）、《第二人生》（*Second Life*）等。从元宇宙的发展历程来看，游戏与元宇宙互相推动，元宇宙的各项技术基础随着游戏的发展而被创造，游戏则承载着元宇宙的技术实践。元宇宙游戏所提供的虚拟世界借助 VR 技术可以使用户获得更加沉浸性的体验，游戏世界的丰富使人们可以获得越来越多的超时空的身体和世界感受。然而，自 2003 年游戏《第二人生》出现后，元宇宙游戏涉及数字身体的各种骚扰问题就持续不断，2022 年 5 月，在《地平线世界》性侵事件被媒体报道之后，元宇宙游戏性侵问题更是成为人们讨论的热点话题。

---

* 本文作者为蒋鹏宇，作者单位为上海交通大学马克思主义学院。

2. 事件经过与争论

2022 年 5 月，SumOfUs 团队的一篇研究报告称，研究人员进入元宇宙游戏《地平线世界》后，在一次虚拟聚会上，她被带进一个私人房间，并在那里被一名用户“强奸”，而房间窗外的用户可以清楚地看到里面的内容，同时房间里的另一名用户则在观看并递过来一个伏特加酒瓶。[1] 在报告中，该团队也列举了一些其他用户的陈述，许多人都称曾遭遇或看见性侵行为。研究人员称在遭遇其他人的攻击后，手柄会产生震动，让她产生一种迷失方向的感觉甚至获得一些令人不安的身体体验。该团队通过调查，认为 Meta 公司对虚拟世界中的骚扰、虐待等行为的管控不负责任，他们并未研发出相关功能来让做出不当行为的用户对其行为负责，而是把责任推卸给受到骚扰的玩家，认为那些玩家没有进行相关屏蔽设置。[1] 这一报告发布之后，元宇宙游戏性侵问题被大量媒体报道，除了该起事件，其他元宇宙平台的性侵问题也得到了广泛的社会关注。

对于元宇宙性侵事件，学界大多认为该类行为是一种违法行为，不过在违法边界方面存在不同的观点。国内一些学者认为“在网络空间上强奸妇女”属于语义不可能[2]，在现有法律含义下，“强奸”必须有真实世界的物理接触，因此虚拟性侵更多的是一种猥亵。国外有学者则认为可以将虚拟性侵行为认定为强奸未遂，或者因为造成他人精神痛苦而允许他们被起诉。[3] 就目前我国的刑法规定和理论导向而言，利用元宇宙实施的网络隔空型性交行为如果现实存在，只能适用强制猥亵罪。未来随着虚拟场景的增多，利用仿真生殖器进行的网络隔空型强奸行为一定会出现，当下应当突破传统观念束缚，使网络空间上强奸罪的适用成为可能。

元宇宙性侵事件的问题焦点是元宇宙性侵是否可能成立及如何

规制。性侵、强奸和猥亵在法律意义上具有不同的含义，在不同国家也有相对的差异，想要将虚拟世界中的性犯罪纳入现有法律范围，就必然需要对上述三种概念进行扩展讨论。这种法学讨论需要建立在技术基础之上，比如元宇宙能否发展至高度沉浸性和即时性？元宇宙发展至何种程度才能将性犯罪纳入法律规制范围？在元宇宙技术迭代的不同阶段，相关性犯罪活动的差异如何划分？这些问题如今都尚不明晰。而且虚拟世界的性犯罪往往涉及技术平台及多个施暴者，平台和施暴者之间的责任划分同样难以界定。

3. 案例分析与讨论

3.1　元宇宙性侵的存在基础及表现形式

在元宇宙性侵事件被媒体报道之后，许多人认为把虚拟化身的接触上升为性侵是一种夸大现象，正如许多枪战游戏中的击杀不会被看作违法犯罪一样。但如许多当事人所言，施害者的行为动作反映了他们进行性侵的主观意向，并且 VR 设备的信息反馈让受害者在精神和物理层面上均感到强烈不适。元宇宙性侵事件能够引发广泛关注，一方面反映了元宇宙这一技术热点的受关注程度，另一方面说明随着元宇宙技术的发展，虚拟世界的法律和道德问题已经成为社会发展过程中不可逃避的议题。从技术基础及社会基础来看，元宇宙性侵的存在具有一定的可能性。

在技术基础层面，元宇宙游戏作为一种媒介，其所具有的性质和功能，是如今现实和虚拟无缝连接的最为匹配的媒介形态[4]，借助 VR 技术，用户可以在其中获得较为真实的沉浸感，虚拟世界与现实世界的生活体验不再是一道巨大的鸿沟。这也是为什么当事人面对虚拟化身的恶意接触会产生身体和心理上的双重不适。虚拟与现实的融合仍然有巨大的发展空间，如今脑机接口发展仍不成熟，其进一步发展可能会促使虚拟性侵发展出更加复杂且真实的行为类型，元宇宙的进一步迭代也会加深虚拟世界中的现实感。可以说，在现有信息技术的发展前景下，现实与虚拟的深度融合是可能实现的，在这样的技术基础上，法律与道德必然会扩展至虚拟世界，元宇宙性侵问题并非一个假问题。

在社会基础层面，有研究总结了元宇宙可能助长的 30 种犯罪情景，其中性犯罪往往被评估为高风险犯罪，并且其未来犯罪频率的加权平均评级也很高。[5] 这意味着元宇宙中的性犯罪已经是一个不可忽视的社会问题，并且具有风险加重的趋势。性犯罪不同于虚拟世界中的其他违法行为，它在对受害者产生直接心理伤害的同时，也会造成相应的身体侵扰。虽然这种身体上的侵害是否成立仍值得讨论，但既然具有这种倾向与可能，况且元宇宙性侵也极易涉及未成年人保护的问题，社会整体就应当对元宇宙性侵作出前瞻性讨论。以往的元宇宙性侵事件都只停留在社会讨论阶段，但据英国《每日邮报》(*Daily Mail*) 2024 年 1 月 1 日的报道可知，已有英国警方对类似事件展开调查，一名不满 16 周岁的少女称她的虚拟化身遭到网络上的陌生人轮奸，为此，英国警方首次对可能存在的虚拟性犯罪进行调查。[6] 可见对元宇宙性犯罪风险的关注已经成为一种社会趋势。

在现有的法律框架下，涉及性侵的法律条文往往都具有现实指向，很难适用于虚拟世界。元宇宙游戏中的性侵有着特殊的表现形式，虚拟性侵具有明显的虚实结合性，以心理侵害为主，同时具有身体侵害风险。在传统互联网技术环境下，基于互联网的隔空猥亵方式主要有两种，即隔空操纵型和隔空暴露型。[7] 隔空操纵型施害者不能直接对受害者造成物理侵犯，其主要施害方式为心理侵害。元宇宙中除了类似的风险，还因为虚拟化身的存在及其沉浸性特征，导致性侵风险表现出虚实结合性，现实主体除了受到心理上的损害，也会受到由虚拟化身延展而来的物理反应。在现有技术基础下，元宇宙性侵受害者基本不存在现实身体受害的可能，所受侵害仍然以心理侵害为主，物理上的反应主要是 VR 设备的震动反馈。但从 VR 和脑机接口技术的发展趋势来看，未来身体的完全沉浸性是极可能实现的，这就导致元宇宙性侵伤害也存在物理身体受害的可能。这样的场景一旦实现，元宇宙性侵与现实世界性侵之间的边界也许就会不复存在，元宇宙性侵的表现形式将从心理侵害扩展至与现实世界性侵一样的心理与身体的双重侵害。

3.2 元宇宙性侵的伦理规范

现有的元宇宙性侵事件不能使施害者承担法律责任的原因在于其行为尚未对受害者产生身体上的真实伤害，并且很难依据人格尊严受损对受害者进行救济。究其原因，人们的虚拟化身尚不具法律和伦理意义上的人格权和道德地位。不过，元宇宙的技术特征与应用场景已经促使我们重新审视这一问题。如果说人类在互联网中形成的“数字存在”及其互动很难彰显“人”在互联网中的“存在”，那么元宇宙所创造的虚拟世界已经足以使民事主体在数字空间中继续感受以往的现实生活体验，因此，为法律所评价与保护的人格要素理应被扩展至虚拟世界。[8] 同时，虚拟化身基于数字空间已经发展出新的自我与他者、自我与世界之间的关系，这就要求道德地位的边界应当延展至数字空间中的虚拟化身。元宇宙游戏中的虚拟化身可以看作一种人类代理，人们的自由和幸福是人们所有有目的行动的必要条件，因此虚拟化身代理也必须享有自由和幸福的权利，因为这些权利是人们自尊或尊严的基本组成部分。[9] 这种法律与道德地位的延伸不同于人工智能体那般存在许多争议，人类的虚拟化身或者虚拟代理本质上还是人类生活的体现，其地位指向的是人类自身的地位，这与法律和道德的本质并不冲突。即便元宇宙游戏中的性侵对象是虚拟化身代理，一旦虚拟化身代理受到侵犯，其指向的人类本体无疑就会感到自尊和尊严的受损，况且也存在身体受损的倾向。为维护人类自身的自由和幸福权利，元宇宙中的每一位虚拟化身都理应受到一定的法律和道德约束。

元宇宙中的伦理规范需要基于其自身特点来制定。元宇宙实现了个体之间的开放的、具象的、直接的交流，因而在元宇宙中是连接本身而不是组织或个体居于中心地位，与此相适应，元宇宙的道德原则既不是个人主义的，也不是集体主义的，而是连接主义的。[10] 在这种连接主义背景下，信任及全民参与是保证元宇宙稳定发展的基础，由此智能合约和区块链共识成为元宇宙的底层架构，保证这类程序伦理的稳定是元宇宙伦理的重中之重。因此，可以预想到，在对元宇宙性侵事件进行防范与补救时，如果只是将现实世界的法律和道德规范复制至虚拟世界，则无法与元宇宙的连接主义特征相融。除了移植现实世界的规范，元宇宙中的规范必然需要一定的程序规则作补充，甚至程序伦理会成为元宇宙中的核心规范。例如默认的个人边界设置、恶意骚扰他人的惩罚机制等，如何实现并保证这些程序的有序运行是程序伦理得到保障的基础。而在引发关注的《地平线世界》性侵事件中，作为管理方的 Meta 公司不仅缺乏相应的管理机制，还把个人边界的设置责任推卸给用户自身，现有的措施反映出程序伦理的缺失，这显然不利于元宇宙的发展。由于元宇宙的运行程序主要由技术平台掌控，要想实现程序伦理就不可避免地需要技术平台去开发设计相关程序。如果将程序伦理的设计交给技术平台，那么该如何保证技术平台不会破坏伦理原则的公平与正义？政府又该如何对技术平台进行有效监管？由此看来，元宇宙法律与伦理规范的完善方面仍有许多问题需要解决。

为使元宇宙中的伦理规范可以有效预防类似性侵事件的发生，除了确立伦理原则，还需要综合运用法律规范、政府监管、行业自律、用户自觉等措施。如今日益成熟的元宇宙游戏领域迫切需要我们出台相应的法律法规，并形成有效的监管机制。同时，元宇宙行业应当完善行业规范，形成行业共识。此外，由于虚拟世界的发展仍然属于前沿领域，从现实世界转向虚拟世界的过程中，面对新的数字社会环境，用户很难始终保持正确的伦理判断，这就需要社会提供基于数字虚拟世界的伦理道德教育，从而促使虚拟用户自觉接受相应的道德约束。

4. 结论与启示

元宇宙正逐渐成为人们娱乐、社交和工作的新场所，然而元宇宙游戏性侵事件的频发表明我们如今迫切需要关注元宇宙伦理这一问题。即便早在二十年前，被看作首个元宇宙游戏的《第二人生》中就已经出现了性侵问题，直到今天，除了最近英国警方声称会调查一起元宇宙性侵事件之外，其余事件还是仅仅停留在社会讨论阶段。由此可见，目前针对元宇宙的社会规范还非常匮乏，为了确保元宇宙虚拟化身的合法权益，将现实世界的法律规范及伦理规范扩展至元宇宙正逐渐成为一种社会趋势，这也是元宇宙有序发展的必然前提。

参考文献

[1] SumOfUs, *Metaverse: Another Cesspool of Toxic Content*, EKO (Feb. 26,

2024), https://www.eko.org/images/Metaverse_report_May_2022.pdf.

[2] 王政勋:《论猥亵行为违法性程度的判定》，载《法治现代化研究》2018年第4期。

[3] Horne Chandler, *Regulating rape within the virtual world*, Lincoln Memorial University Law Review 10, 170 (2023).

[4] 喻国明:《元宇宙、游戏与未来媒介》，载《郑州大学学报（哲学社会科学版）》2023年第3期。

[5] Gómez-Quintero Juliana, Johnson Shane, Borrion Hervé, et al., *A scoping study of crime facilitated by metaverse*, Futures 157, 18 (2024).

[6] Rebecca Camber, *British police probe VIRTUAL rape in metaverse: Young girl's digital persona "is sexually attacked by gang of adult men in immersive video game"—sparking first investigation of its kind and questions about extent current laws apply in online world*, Mail Online (Feb. 25, 2024), https://www.dailymail.co.uk/news/article-12917329/Police-launch-investigation-kind-virtual-rape-metaverse.html.

[7] 李川:《网络隔空猥亵犯罪的规范原理与认定标准》，载《法学论坛》2024年第1期。

[8] 葛江虬:《论数字人格要素及其民法保护——以"元宇宙"为对象》，载《比较法研究》2023年第6期。

[9] Spence Edward, *Meta Ethics for the Metaverse: The Ethics of Virtual Worlds*, in Briggle Adam, Waelbers Katinka, Brey Philip eds., Current Issues in Computing and Philosophy, IOS Press, 2008.

[10] 曹刚:《元宇宙、元伦理与元道德》，载《探索与争鸣》2022年第4期。

案例 1.3　数字孪生演员引发自然人和虚拟人角色冲突：以好莱坞演员大罢工事件为例 *

1. 引言

在数字化浪潮席卷全球的今天，娱乐产业正经历着一场前所未有的变革。数字孪生演员的兴起，为电影、电视剧等艺术形式注入了新的活力，同时引发了关于伦理、身份、权利等一系列深刻问题的思考。好莱坞演员罢工事件，便是这一变革中的一次激烈震荡，它不仅揭示了数字孪生演员技术背后的伦理挑战，更引发了我们对自然人数据权利的重视与反思。

在这场罢工中，演员们以坚定的立场，捍卫着自己的尊严与权益，要求对数字孪生演员的创作和使用过程进行规范，确保他们的数据得到妥善保护。这一事件不仅是对数字技术的挑战，更是对人性、道德和伦理的深刻拷问。因此，针对"好莱坞演员大罢工"这一事件进行深入剖析，并探究其背后的伦理问题及其带来的深远影响，有助于更好地理解数字孪生演员技术的本质，找到数字技术与现实人类的角色和权益之间的平衡点，为娱乐产业的未来发展指明方向。

---

* 本文作者为吴乐倩，作者单位为大连医科大学人文与社会科学学院。

2. 数字孪生与电影制作

数字孪生技术的概念最初由大卫·杰勒特纳（David Gelernter）在1991年出版的《镜像世界》(*Mirror Worlds*）一书中提出。然而人们普遍认为，曾经任教于密歇根大学的迈克尔·格里夫斯（Michael Grieves）博士在2002年首次将数字孪生的概念应用于制造业，并正式提出了数字孪生软件的概念。最终，美国国家航空航天局（National Aeronautics and Space Administration, NASA）的约翰·维克斯（John Vickers）在2010年引入了一个新术语——数字孪生（digital twin）。

数字孪生是实际存在或预将出现的现实世界中的物理产品、系统或过程（即物理孪生）的数字模型，它作为物理孪生的有效且难以区分的数字对应物，用于实现诸如模拟、集成、测试、监控和维护等实用目的。[1—3] 数字孪生是产品生命周期管理的基础前提，贯穿于它所代表的物理实体的整个生命周期。数字孪生可以在物理实体之前存在，例如虚拟原型设计。在创建阶段使用数字孪生，可以模拟和建模预期实体的整个生命周期。[4] 一个现有实体的数字孪生可以在实时环境中使用，并定期与相应的物理系统进行同步。

以往的电影制作过程中，需要进行道具搭建和实地拍摄，耗时长且费用高昂。随着数字孪生技术的兴起，物理引擎强大的场景建构功能及特效合成软件功能日趋成熟[5]，这意味着数字孪生将在影视制作中发挥重要作用，从而不仅创新了影视创作方式，还极大提升了影视创作质量。在电影后期制作环节，数字孪生技术为音效与视觉效果的添加注入了新的活力。音效设计师借助该技术，结合现有声音信息与静音场景的数字化模型，能够模拟并合成更为逼真的听觉效果。同时，视觉特效制作师在虚拟场景中运用数字孪生技术，能够实现特效的精准制作与合成，既能减轻现场拍摄的压力，又能打造出令人叹为观止的视觉效果。此外，数字孪生技术将助力电影的宣传与推广。宣传团队利用电影中的数字化场景与角色，通过数字孪生技术精心制作宣传海报与宣传片，不仅能提升宣传作品的质量，更能充分展现电影的故事魅力与特色，吸引观众的注意。

在娱乐和表演的背景下，数字孪生技术除了将用于电影制作外，还能生成虚拟演员来替代现实中的演员。这就是“数字复制品”，指计算机生成的图像，再现了人的相似性——他们的脸、身体、声音和动作。[6] 数字复制品是完全可操纵的，可被用来做任何事情。实际上，电影制作人能够使用演员的现有剧照、镜头和数据创建数字复制品，使其看起来好像演员在电影中表演了他们从未实际表演过的内容。[7] 过去，当演员在电影拍摄完成前去世时，数字孪生技术可用于弥补电影未完成的遗憾。[8] 然而，随着技术的进步，数字复制品已经能够在电影中创造演员没有积极参与制作的全新表演。数字孪生技术凭借其卓越的建模与仿真能力，为电影制作与宣传带来了前所未有的可能性与灵活性，极大地提升了电影的制作水准与观赏体验。

3. 大罢工事件时间线

2023 年，随着流媒体服务的快速崛起，影视行业面临前所未有的变革，人工智能威胁成为人们关注的焦点，演员们的薪酬和权益受到了前所未有的挑战。美国演员工会——美国电视和广播艺术家联合会（Screen Actors Guild-American Federation of Television and Radio Artists, SAG-AFTRA）作为代表演员和配音演员权益的组织，决定与制片方进行谈判，寻求更公平的待遇。

2023 年 3 月 7 日，美国编剧工会（Writers Guild of America, WGA）宣布，他们将于 3 月 20 日开始与主要电影公司谈判，主要内容为近 99% 的会员投票支持的关于提高报酬、改善剩余报酬、提出人员配备要求、保护免受人工智能工作干扰等一系列要求。其中关于人工智能干扰演员工作问题，WGA 强调了应规范使用人工智能或类似技术生产的材料。提案中指出，要建立一套全面的规则条款来保护人类创作的作品，并在大公司制作演员的“数字替身”，或他们的声音、肖像、表演将被 AI 改变时，保障这些演员的知情同意权及获得经济补偿权。SAG-AFTRA 首席谈判代表邓肯·克拉布特里-爱尔兰（Duncan Crabtree-Ireland）透露，制作公司提出希望能扫描演员的图像，一次性支付一天的费用，而后其拥有在任何项目中永久使用这些图像、肖像的权利，并且无需再经演员同意，也无额外补偿。[8]

3 月 20 日，WGA 与电影和电视制片人联盟（Alliance of Motion Picture and Television Producers, AMPTP）开始谈判，但最终陷入僵局，这也为 5 月合同到期后发生罢工埋下了种子。

2023 年 5 月 1 日，在与 AMPTP 的谈判未能在截止日期前达成协议后，WGA 于 5 月 2 日宣布停工，这也是 WGA 近 15 年来首次罢工。紧随其后，通常在播出当天进行创作的深夜节目宣布在罢工期间停播，《周六夜现场》（*Saturday Night Live*）宣布将停止制作和演出。

2023 年 6 月 5 日，SAG-AFTRA 的会员们以压倒性的多数通过了罢工授权，显示出他们在即将开始的电视 / 戏剧合同谈判中的坚定立场和团结精神。近 65 000 名会员参与了投票，占比接近半数，这无疑为接下来的谈判增添了重要筹码。[9]

双方的合同将于6月30日到期，因此谈判的结果将直接关系到会员们的权益和利益。SAG-AFTRA主席弗兰·德雷舍（Fran Drescher）对会员们的支持表示感激，并强调了团结一致的重要性。她相信，通过共同努力，他们一定能够达成一份新的合同，从而既能体现会员们在行业中的贡献，又能适应新的数字和流媒体业务模式，充分保障会员的权益和福利。他们的诉求是解决流媒体时代长期被忽视的收益分配问题，为会员们争取更高的待遇。此外，在意识到AI的发展或将深度改造行业之后，如何保障自己的生存不受威胁同样是这场罢工的焦点议题，德雷舍说："如果现在不昂首挺胸，我们就会陷入困境，都将面临被机器取代的危险。"此次投票的结果无疑为SAG-AFTRA在与AMPTP的谈判中增添了底气，也展现了会员们对于自身权益的坚定维护。7月13日，SAG-AFTRA加入WGA的行列，授权举行罢工，导致多部电影和电视节目被无限期搁置。

直到2023年11月8日，SAG-AFTRA会员的电视/戏剧谈判委员会一致投票通过了一项与AMPTP之间的临时协议，结束了为期118天的罢工行动。在总价值超过十亿美元的新工资和福利计划资金合同中，双方达成高于标准的最低薪酬增长、前所未有的同意和补偿条款等合意，以保护会员免受人工智能的威胁，并首次设立流媒体参与奖金。

4. 事件伦理分析

4.1　自然人与数字人的独立性与共存问题

好莱坞演员大罢工的核心议题，围绕着自然人演员与数字孪生演员的独立性与共存问题展开。长久以来，自然人演员凭借他们独特的天赋、丰富的人生经历与独一无二的身份，一直是娱乐产业的支柱。他们通过饱含深情的演绎，让角色跃然屏幕之上，与观众建立了深厚的情感纽带。然而，数字孪生演员的崭露头角，为这个行业注入了新的活力。这些通过尖端技术精心雕琢而来的虚拟形象，能够模仿自然人演员的外貌、声音乃至举止，也因此带来了关于自然人演员与数字孪生演员间权利与身份的伦理纷争。

从伦理视角审视，自然人演员对其塑造的角色和作出的表演享有合法的权利诉求。他们的技艺，是历经岁月沉淀与不断磨砺的成果，是其个人艺术的深刻表达。当数字孪生演员在未经自然人演员同意或参与的情况下，被用以替代或复制自然人演员的表演时，便触及艺术完整性与所有权的敏感地带。

此外，自然人演员与数字孪生演员在银幕上的共存，也给观众带来了不小的困扰。观众在观影过程中，有时难以分辨他们所看到的究竟是真实演员还是数字替身。这种缺乏透明度的现象，无疑削弱了故事的可信任度与真实性，影响了观众对叙事的情感投入。为了保证自然人演员和数字孪生演员背后的技术持有者的各自利益，必须保持自然人演员和数字孪生演员之间的相互独立性。[10]

好莱坞演员罢工事件，正是自然人演员对未获适当补偿或认可的数字孪生技术的随意使用这一问题表示抗议的集中体现。他们认为，即便是数字复制的表演，也是他们辛勤劳动与创造的结晶。因此，在娱乐产业中运用数字孪生演员时，必须明确道德准则与协议，以确保双方的权益得到尊重与保障。

4.2　现实角色与虚拟角色的冲突与失调

数字孪生演员的出现，无疑为娱乐产业带来了前所未有的变革，但这一变革引发了真实角色与虚拟角色之间深层次的冲突与不协调。在传统电影制作中，演员全身心投入角色，与角色融为一体，使得个人身份与所扮演角色之间的界限变得模糊。这种深度的参与和体验，为演员带来了强烈的情感体验与个人成长。

然而，数字孪生演员的崛起使得这种关系变得更为复杂。当自然人演员发现他们的数字双胞胎在屏幕上展现出自己的影子，却有了独立的生命与行为，他们与角色之间的关系可能会变得疏离与脱节。这种不协调可能导致演员们感到自己的表演和角色正在失去控制，甚至可能产生自我认同的危机。

更为严峻的是，数字孪生演员的广泛应用可能使得表演技艺逐渐贬值。事实上，艺术表达存在于所有文化中——它被用来传递故事、解释神话和宗教、记录重大事件，或呼吁社会和政治变革。[11] 更狭义地说，表演与艺术的不断创新相伴而生，表明了一些内在价值值得保留，或者至少表明人们喜欢看演员表演。当任何人都能通过先进的数字技术轻松复制他人的表演，自然人演员的独特性、创造力和艺术性是否会被削弱？这种技术所带来的便利，是否也意味着对人性、情感与创造力的消解？这一行业的生存威胁，引发了我们对于人类创造力和表现力的社会价值的深刻反思。

在好莱坞演员罢工的浪潮中，演员们纷纷站出来，表达了对数字孪生演员侵蚀其角色和身份的担忧。他们强烈主张保留传统的演员—导演关系，坚持认为人与人之间的联系、真实的情感交流在讲述故事中具有无可替代的重要性。他们希望通过罢工，引起社会对于这一问题的关注，促使相关方面制定更为公正、合理的行业规则，确保自然人演员与数字孪生演员能够和谐共存，共同推动娱乐产业的繁荣与发展。

4.3 自然人的数据权益问题

近些年来，“数字人权”引发行业的充分讨论，数字孪生技术所导致的现实人与虚拟人共存和互动的情况，可能会侵害现实人的权益。好莱坞演员大罢工的浪潮中，一个尤为引人注目的议题就是自然人的数据权益。在数字孪生演员的创作过程里，无数数据被详尽地收集，用以精准复制自然人演员的外貌特征、举止风度及行为模式。这些数据包括但不限于面部高清扫描、声音录音，甚至动作捕捉等精细表演。其中蕴含的伦理问题，可谓复杂且多面。未经自然人允许就复制人类的含义似乎是天生的侵犯。[11] SAG-AFTRA的首席谈判代表爱尔兰还指出，电影公司要求扫描演员的身体，以此拥有他们形象、肖像，并在任何项目中使用而无需该人同意且无任何补偿，是对演员的剥削。[8]

当务之急，自然人演员应享有对其个人数据的绝对控制权与同意权。任何未经演员明确许可的数据收集与储存行为，都是对他们的隐私与自主权的侵犯。特别是在数字形式下使用其肖像时，在涉及敏感角色或个人形象时，演员的声音和意见必须被充分尊重和听取。

此外，对这些数据的利用也引发了关于所有权和经济补偿的热烈讨论。自然人演员为数字孪生演员的创造提供了不可或缺的肖像基础和表演素材，但他们往往并未因此获得与其贡献相称的补偿。这种权力与利益之间的明显不对称，凸显了演员、电影公司和技术公司之间达成公平、透明协议的迫切需求。

在这次“好莱坞演员大罢工”事件中，演员们坚定地表达了对自身数字复制品拥有更大控制权的诉求，并强烈要求在其数据被使用时获得公平的经济补偿。他们坚信，数字孪生演员的创造与发展，不应以牺牲他们作为自然人的基本权利为代价。他们强调，在不断革新发展的娱乐技术领域，道德标准的重要性不容忽视。这场罢工不仅是对数字孪生演员技术的抗议，更是对演员权益的捍卫，是对数据时代个人隐私与自主权的坚守。

5. 结论与启示

“好莱坞演员大罢工”事件无疑成为研究数字孪生演员崛起所带来的伦理挑战的一个典型案例。在这一事件中，自然人演员与数字孪生演员之间的独立与共存问题、真实角色与虚拟角色之间的深层次冲突，以及自然人的数据权利等议题，均成为伦理探究的焦点与关键领域。

随着科技发展的日新月异，数字孪生演员崭露头角，为娱乐产业带来了前所未有的变革。然而，这种变革并非毫无代价。自然人演员与数字孪生演员之间的关系变得愈发微妙和复杂，如何在保持各自独立性的同时实现和谐共存，成为摆在我们面前的一大难题。更为棘手的是，真实角色与虚拟角色之间的界限逐渐变得模糊，引发了关于身份认同和真实性的深刻思考。当数字孪生演员在银幕上展现着与自然人演员相似的外貌和举止时，我们不禁要问：究竟谁才是真正的演员？谁又在扮演着谁？这种冲突不仅挑战了我们对演员角色的传统认知，还对我们关于真实与虚拟的界定提出了严峻的挑战。

而在这场伦理风暴的中心，自然人的数据权利问题更是引发了广泛的关注和讨论。在数字孪生演员的创作过程中，大量涉及自然人演员的数据被收集和使用，这些数据是演员个人身份和创造力的体现，理应受到充分的保护和尊重。然而，在现实中，这些数据往往被随意使用甚至滥用，严重侵犯了演员的权益。

面对这些伦理挑战，娱乐产业的利益攸关者必须进行深入的对话和思考，寻求解决问题的有效途径，必须制定明确的伦理准则，规范数字孪生演员的创作和使用过程，确保自然人的权利、身份和创造性贡献得到充分的保护和尊重。

参考文献

［1］Moi, Torbjørn, Andrej Cibicik, and Terje Rølvåg, *Digital twin based condition monitoring of a knuckle boom crane: An experimental study*, Engineering Failure Analysis 112, 104–517 (2020).

［2］Haag, Sebastian, and Reiner Anderl, *Digital twin—Proof of concept*, Manufacturing letters 15, 64–66 (2018).

［3］Boschert, Stefan, and Roland Rosen, *Digital twin—the simulation aspect*, Mechatronic futures: Challenges and solutions for mechatronic systems and their designers, 59–74 (2016).

［4］Negri, Elisa, Luca Fumagalli, and Marco Macchi, *A review of the roles of digital twin in CPS-based production systems*, Procedia manufacturing 11, 939–948 (2017).

［5］Li, Liang, *The influence of digital twins on the methods of film and television creation*, Computers and Electrical Engineering 103, 108–314 (2022).

［6］Feitel, Jesse et al., *Dead Celebrities and Digital Doppelgangers: New York Expands Its Right-of-Publicity Statute and Tackles Sexually Explicit Deepfakes*, https://www.dwt.com/blogs/media-law-monitor/2021/05/new-york-right-of-publicity-pornographic-deepfakes#:~:text=Cuomo%20enacted%20publicity%20rights%20for,of%20an%20individual.%22%20This%20prohibition, April 16, 2024.

［7］Winick, Erin, *Actors are digitally preserving themselves to continue their careers beyond the grave*, https://www.technologyreview.com/2018/10/16/139747/actors-are-digitally-preserving-themselves-to-continue-their-careers-beyond-the-grave/#, April 17, 2024.

［8］Collier, Kevin, *Actors vs. AI: Strike brings focus to emerging use of advanced tech*, https://www.nbcnews.com/tech/tech-news/hollywood-actor-sag-aftra-ai-artificial-intelligence-strike-rcna94191, April 16, 2024.

［9］SAG-AFTRA, *SAG-AFTRA Strike Authorization Vote*, https://www.sagaftra.

org/sag-aftra-strike-authorization-vote, April 10, 2024.

[10] 王欢妮、刘芹妍:《数字孪生 AI 主播的“进化”趋向与伦理反思——以央视虚拟主播“AI 王冠”为例》, 载《视听界》2023 年第 4 期。

[11] Alexandra Curren, *Digital Replicas: Harm Caused by Actors' Digital Twins and Hope Provided by the Right of Publicity*, Tex. L. Rev. 102–155 (2023).

第二章

数据隐私伦理问题

案例 2.1　脸书用户数据泄露事件 *

随着互联网、云计算等一系列新兴技术的发展，全球数据规模不断扩大，大数据发展为人类生活作出的贡献不言而喻。通过数据，网站可以精确地筛选满足客户需求的产品、推送相关好友的最新动态、推荐更为划算的消费组合方式、计算出最节约时间的排队流程等，似乎大数据造福着生活的方方面面。然而，不可忽视的是，用户数据泄露给人们的日常生活带来了诸多困扰，如免费 WiFi 大量收集用户个人信息、浏览网站后遭遇各种营销电话骚扰、儿童智能手表成为偷窥“眼睛”、网购之后陆续收到类似产品的广告或营销活动的信息。其中颇具代表的脸书数据泄露事件，将用户的隐私权问题推到了风口浪尖。分析该用户数据泄露事件，有助于深入反思如何保护网络用户个人信息和隐私权问题。

1. 事件经过与争论

2010 年 4 月，社交巨头脸书推出名为“开放图谱”的第三方应用平台，该创新举措旨在促进应用程序开发，为外部开发者提供更为便捷的接口，一方面使其能够直接与脸书用户进行互动，另一方面使其能够请求并获取用户的个人资料、动态更新等个人信息。

---

* 本文作者为马淑欣，作者单位为河南农业大学马克思主义学院。

2013年，亚历山大·科根（Aleksandr Kogan）及其团队在脸书平台上发布了一款名为“你的数字生活”的应用程序。一些用户出于好奇参与了该应用的性格测试小游戏，并获得一些小额红包作为回报。用户若想参与此游戏，不仅需要登录脸书账户，还需要授权该程序访问其在平台上的个人公开信息，比如社交动态、好友列表、所在区域等。据统计，多达27万名脸书用户参与了本次测试，这意味着27万名用户的平台信息被窃取和泄露。相应的，该小游戏程序获得了超过8 700万名用户的平台数据信息。[1] 2014年，脸书修改了应用规则，限制开发者访问用户信息，不过科根通过游戏程序获取的数据并未得到删除。

不久之后，科根自主创立公司，将其在脸书平台上获得的8 700万名用户的个人信息售卖给一家名为剑桥分析（Cambridge Analytica）的数据分析公司，该公司对其获得的用户信息进行挖掘、总结、分析，由此构建数学分析模型，评估用户性格及政治倾向，并对其进行分类。在此基础上，剑桥分析通过广告平台针对不同类型的用户群体进行精准投放，进而影响了2015年至2016年特德·克鲁兹（Ted Cruz）和唐纳德·特朗普（Donald Trump）的总统竞选活动。

2018年3月，剑桥分析公司联合创始人克里斯托弗·威利（Christopher Wylie）向《卫报》(*The Guardian*）和《纽约时报》（*The New York Times*）披露了上述不当获取并滥用用户数据的行为。脸书平台立即作出反应，以违反公司数据收集和保存政策为由，对外宣布中止与SCL战略通信实验室、剑桥分析公司的合作。3月17日，据相关媒体报道，剑桥分析公司在与脸书合作期间，利用一款应用程序非法获取了约5 000万名用户的平台信息，不但威胁到广大用户的隐私安全，而且牵涉美国总统选举[2]。这起事件被定性为一起危害大量个人用户信息安全，甚至影响美国政治走向和国家安全的事件。该事件的披露，既令脸书蒙受惨重经济损失，又使其陷入巨大的网络安全危机，公司声誉遭受重创。

2018年3月20日，马克·艾略特·扎克伯格（Mark Elliot Zuckerberg）公开道歉，同时给出了公司的应对策略和弥补方案。他在之后接受媒体采访时指出，公司已修复了技术漏洞，以防止类似事件再次发生。此外，扎克伯格表示，公司将进一步加大对第三方应用软件的审查与监管力度，限制其获取用户信息的权限，以确保用户隐私不受侵犯。

2. 案例分析与讨论

2.1　脸书存在问题及应对措施

2.1.1　脸书主要存在两大安全问题

其一，脸书作为全球领先的社交媒体，在数据保密和数据使用方面存在明显缺失。无论是在用户信息的收集、保存过程中，还是后期使用与删除过程中，脸书都未尽到管理和保护责任。2018年年初，柏林法院曾作出一项重要裁决，认定社交媒体巨头脸书在收集和使用用户个人信息方面违反德国《联邦数据保护法案》（BDSG）。法院指出，脸书在未经用户明确同意的情况下，自动开启信息收集功能，这种做法侵犯了用户的隐私权。为持续拓展业务，脸书向第三方合作伙伴开放应用程序编程接口（API），虽然从行业角度来讲这是常规做法，并无不妥，但是其提供数据共享时未充分兼顾用户隐私的要求，采取的用户信息保护措施也未达监管机构的要求。其二，脸书在引入第三方应用程序时，未尽到接入审计和内容审查的责任。英国剑桥分析公司曾公开指出，按照与脸书签署的协议，其能够在合法权限范围内收集至少 3 000 万名用户的信息。但脸书并未就这些数据信息的使用情况进行严格全面的审查，导致大量用户信息被滥用或不当使用。

2.1.2 脸书在此次事件中的应对措施

为平息舆论，脸书公开表示将采取六项严格措施，以全方位地保护用户隐私：第一，对所有与平台相关且涉及大量数据访问的应用程序进行严格深入的审查，确保数据信息的获取及使用合法合规；第二，通过应用程序向存在信息滥用之潜在风险的用户发送警告通知，提高用户保护个人信息的意识；第三，如果用户超过 3 个月没有登录和使用应用程序，则自动关闭应用程序访问和获取用户信息的权限；第四，修改平台登录数据的共享规则，只允许应用程序访问用户的姓名、邮件地址等基本信息，更多数据需经过严格审核方能获取，以有效降低用户数据被暴露的风险；第五，帮助用户管理在脸书上使用的应用程序及其访问权限；第六，提高漏洞赏金计划金额，鼓励人们积极发现并报告任何可能存在的数据滥用行为，从而及时堵住安全漏洞。

脸书还采取了其他措施，比如通过技术和人工手段加强内容审核。脸书曾于 2008 年明确表示，至该年年末，公司将有两万名员工致力于内容审查工作，在接下来的 5—10 年内，AI 技术将在内容审核中发挥更为关键的作用，且目前已经开始使用 AI 识别清理机器人账号和假新闻。事件发生后，脸书表示将更加谨慎地审批第三方应用程序接入其平台，并计划从 2018 年 9 月 30 日开始关闭伙伴类别（Partner Categories）功能，第三方将无法再通过平台直接提供广告定向等数据服务。另外，扎克伯格声称公司将借鉴欧洲《通用数据保护条例》制定专项政策，强化用户信息的安全防护，并计划在未来推出无广告付费服务功能。

2.2 剑桥分析公司的义务与责任

这次案件中，还存在第三方剑桥分析公司的数据使用问题。网络服务提供商为改善产品性能、提高服务质量、增设配套服务，免不了与第三方机构共享用户信息。但数据共享应当有严格的限制，比如在收集用户信息时，必须明确告知用户其信息将被用于何种目的，并得到用户的明确同意。这是尊重用户知情权的基础，也是合法合规的基本要求。

事件发生后，剑桥分析公司迅速采取行动，利用推特等媒体平台表达态度、公布应对策略。截至 2018 年 3 月 16 日，其在推特平台上发布了 39 条信息，收到了 16 630 条用户评论。3 月 17 日，公司通过推特发声，称其非常重视与社交媒体平台的合作，严格遵守脸书的各项规定，并正在积极地与脸书团队进行沟通。随后，该公司连续发布了 8 条推送，针对近期的焦点议题进行澄清，称其在用户信息管理中始终坚持合法、合规的原则，尊重并保护用户的隐私权益，并及时执行了删除数据的操作。该公司还表示，其并未在 2016 年总统选举期间使用脸书数据。[3] 尽管剑桥分析公司并未承认自身滥用数据的行为，脸书对于第三方平台数据的监管工作还是受到了公众的诸多质疑。

2.3 亚历山大 · 科根的伦理道德

工程师们有遵守职业标准和规定义务，以及完成合同规定工作的基本责任。[4] 工程人员应遵守保密原则，在未征得用户明确同意的情况下，不可擅自泄露用户数据，如果涉及公共事务，则在执行业务时应考虑社会整体利益。亚历山大 · 科根作为一名职业工程师，有义务去分辨自己的所作所为是否有违保护公民合法权利的理念。在该事件中，亚历山大·科根并未遵守工程师应有的道德底线，对于用户数据泄露造成的严重影响，其应当有预防性的伦理观念。

2.4 脸书用户的安全意识

用户自身安全意识淡薄，不设置访问权限，也是造成数据泄露的直接原因之一。经调查发现，该起事件中的许多用户缺乏个人隐私保护意识，在使用 App 时常常忽视权限设置，导致其个人隐私数据被其他平台轻易地获取和共享，这就给了不法网络服务提供商以可乘之机。而在实践中，当用户看到社交软件为自己推荐好友时，很少会意识到自己的隐私被泄露了，即便意识到了，也不至于太过反感。只有当用户意外收到垃圾信息或骚扰电话时，才会表现出愤怒，当涉及自身财产安全时，才会拿起法律武器保护自己。因此，提高用户的安全意识，也是应对数据泄露问题的关键。

3. 结论与启示

社交媒体巨头脸书因严重的数据泄露事件而受到全球关注，不过此类事件并非个例。2011 年 12 月 21 日，黑客在网络上公开了知名程序员网站 CSDN 的用户数据库，导致超过 600 万名用户的注册邮箱账号和密码被泄露。[5] 2013 年，雅虎公司遭黑客入侵，约 30 亿名用户的用户名、密码、电子邮件地址等账号信息被盗。这次事件暴露了雅虎在信息安全防护方面的不足，引起公众对个人隐私保护的高度关注。2021 年 5 月，日本富士通株式会社开发的信息共享软件（ProjectWEB）服务台遭网络攻击，黑客成功侵入并盗取了平台用户的个人信息。可见，互联网公司用户数据价值有多高，其安全风险就有多大。[6]

大数据时代，若要保护公民的个人信息，网络服务商的自觉自律是关键防线，除了要不断强化其伦理道德，还需严格规范其责任义务。首先，网络平台要强化信息收集过程中对用户的告知义务。网络服务提供商在收集、使用用户的个人信息时，应自觉履行公示义务，在其官方网站上公布信息收集的目的和方式，明确告知用户为何需要这些信息及如何进行使用。同时，网络服务提供商在制定合同或者协议时，应为每一项涉及用户数据的重要条款设立“赞同”或“否定”两个选项，且必须进行清晰标识，以确保用户能注意到。另外，合同条款拟定时应尽可能少使用专业术语，以确保条款内容清晰明了、简单易懂。其次，网络服务提供商不可通过任何非法手段获取或监测用户数据，并及时更新防护措施，以保障数据安全。若用户提出删除其个人数据，网络服务提供商应当彻底清除其在平台上及数据库内存在的一切个人数据。再次，第三方机构采集和使用用户信息时，应自觉遵守平台规则，不可无端扩大信息收集或利用的范围，否则将与合作平台共同承担连带责任。最后，网络服务提供商应建立健全企业内部的责任制度，设立专门的网络安全监督管理部门，主要负责制定和执行网络安全策略、监测网络活动，并预防和应对潜在的安全威胁。

参考文献

[1] 参见方兴东、陈帅：《Facebook——剑桥事件对网络治理和新媒体规则的影响与启示》，载《社会科学辑刊》2019 年第 1 期。

[2] 参见杨露雅、蔡绍硕：《浅析公民隐私信息保护的伦理进路——从“Facebook”数据泄露事件谈起》，载《记者摇篮》2023 年第 2 期。

[3] 参见张志成：《脸书数据泄露事件研究》，载《青年记者》2018 年第 24 期。

[4] 参见徐海涛:《工程伦理概念与案例》，中国工信出版社 2021 年版，第 117 页。

[5] 参见孙翠锋:《Facebook 事件对我国安全监管政策的启示》，载《信息通信技术与政策》2018 年第 6 期。

[6] 参见秦杨:《数据环境下档案安全问题的反思——基于 2018 年 Facebook 数据泄露事件》，载《档案管理》2019 年第 2 期。

案例 2.2　中国人脸识别第一案的伦理分析 *

1. 引言

自 2014 年深度学习算法在人脸识别领域展现其优势之后，人脸识别技术开始真正走向实用化。人脸识别借助其便利、准确、交互友好等优势，在很短的时间内便普及至日常生活。同时，由于人脸识别涉及人脸这一隐私信息的收集与处理，相应的伦理争议始终伴随着它的发展。许多场景如小区、公园、教室都逐渐将人脸识别技术应用于门禁，甚至完全取代传统门禁，使得人们开始对其滥用产生担忧。所谓中国“人脸识别第一案”就是在这一背景下发生的，该案件引起了人们对人脸识别技术的激烈讨论，是思考信息技术发展背后的社会伦理问题的重要案例。

2. 事件经过与争论

游客郭兵于 2019 年 4 月 27 日办理了杭州野生动物世界的年卡。2019 年 10 月 17 日，杭州野生动物世界向年卡游客发送短信通知，称年卡系统已升级为人脸识别入园，原来的指纹识别已取消，未注册人脸识别的用户将无法正常入园。郭兵 9 天后驱车前往杭州

---

* 本文作者为蒋鹏宇，作者单位为上海交通大学马克思主义学院。

野生动物世界，工作人员表示短信内容属实，之后双方对是否采用人脸识别及年卡退款事项均无法达成共识。郭兵随后于10月28日将杭州野生动物世界诉至法院，向法院提出包括删除全部个人信息在内的多项诉讼请求。

在郭兵提起诉讼之后，陆续有新闻媒体对该事件进行报道。2019年11月4日，《钱江晚报》在第二版刊登名为《动物园有权采集我的脸吗》的文章，郭兵在文中表示："一家动物娱乐游乐场也能采集人脸信息，安全性、隐私性我都表示怀疑，万一信息泄露谁能负责？"[1] 在同一版面，该报纸称这可能是国内消费者起诉商家的"人脸识别第一案"，之后多家媒体对该事件进行报道，大多采用了这一名称。

2020年11月20日，法院一审判决杭州野生动物世界赔偿郭兵合同利益损失及交通费，并在十日内删除郭兵办理年卡时提交的包括照片在内的面部特征信息。双方均不服此次判决，向杭州市中级人民法院提起上诉，2021年4月9日，二审维持了前述两项判决，并额外判决杭州野生动物世界十日内删除郭兵办理指纹年卡时提交的指纹识别信息。[2]

从法律判决书及社会各界的讨论中可以看出，该事件的争论点主要为人脸识别技术的运用与个人信息保护之间的平衡。法院判决杭州野生动物世界删除郭兵包括照片在内的人脸信息，其依据是人脸识别信息具有高敏感度，采集方式多样、隐蔽和灵活，不当使用将带来不可预测的风险，应当对其作出更加严格的规制，经营者只有在消费者充分知情同意的前提下方能收集和使用，且须遵循合法、正当、必要原则。由于当时《中华人民共和国个人信息保护法》(以下简称《个人信息保护法》) 还未出台，人脸识别技术相关的规范也比较缺乏，在针对该案例的社会讨论中，人们对动物园及其他场所采用人脸识别技术的合理性提出了质疑，并且希望能够尽快在法律法规层面对个人信息进行保护，从中可以看到公众对人脸识别技术滥用现象的不满。随着人工智能技术的进步，信息技术的发展带来了许多社会伦理问题，技术应用与信息保护之间的矛盾是其中的核心问题，人们享受着科技的便利，但在交出越来越多个人信息的同时，对信息安全的担忧也越发强烈，该案件很好地体现了当前人们面临的困境，对于思考如何保护个人信息来说有着很大的现实意义。

3. 案例分析与讨论

3.1 知情同意原则未能落实

与指纹识别、虹膜识别、DNA 识别等生物信息识别技术相比，人脸识别的优势在于其非接触式采集没有太多的侵犯性[3]，这也是人脸识别技术迅速普及的重要原因。由于可识别生物信息属于个人信息中的敏感信息，人脸识别技术的运用必然面临信息安全与隐私保护等伦理问题。因此，在公众对人脸识别技术的担忧越发强烈的背景下，我国最高人民法院在 2021 年 6 月及时出台了《关于审理使用人脸识别技术处理个人信息相关民事案件适用法律若干问题的规定》(以下简称为《规定》)。自计算机信息处理系统出现之后，知情同意原则就是数据处理的核心原则，虽然随着信息技术的发展，该原则逐渐面临许多实践挑战，但它依然是个人信息处理过程中的必要原则。

人脸识别技术的非接触性特征使得信息处理者可以轻易取得信息主体的人脸信息，它的强隐蔽性对个人信息处理规则的破坏表现得非常突出。在该事件中，虽然野生动物世界在将入园方式更换为人脸识别时已经告知所有年卡用户，但年卡用户在办理年卡时所提供的照片信息仅是为了配合使用之前的指纹识别，野生动物世界欲利用之前所收集的照片扩大信息处理范围，这一点并没有提前告知用户，且未征求用户意见，知情同意原则未能得到落实。知情同意原则能够长久以来作为信息处理领域的法律基础及伦理基础，原因就在于它所体现的信息主体的自主性。如果失去了知情同意这一正当性基础，则意味着个人信息自治权的丧失，也就限制了个体在个人信息领域的自由。[4] 普通个人信息的处理尚且需要知情同意原则进行限制，更何况敏感的人脸信息。该事件对知情同意原则的违背还体现在"同意"的有效性获取方面。野生动物世界在向年卡用户发送的短信中表示"未注册人脸识别的用户将无法正常入园"，虽然郭兵因不满将园区诉至法院，但依然有许多年卡用户接受了入园方式的改变，其他用户的"同意"是不是被迫的"同意"？这种"同意"的获取方式是否具有有效性？虽然本案件并不直接涉及这些问题，但从伦理角度来看，野生动物世界强制使用人脸识别技术的行为无疑违背了知情同意原则。

3.2 语境完整性遭到破坏引发隐私担忧

隐私泄露是人脸识别技术滥用可能引发的重大伦理风险，人脸信息的泄露相比其他个人信息更易产生严重后果。面对信息处理越发复杂的现象，海伦·尼森鲍姆（Helen Nissenbaum）提出的"语境完整性"可以较好地判断隐私侵犯是否产生。基于语境的信息规范规定了特定语境下的个人信息流动，当这些规范被违反时，语境完整性遭到破坏，如果这些信息是隐私信息，则意味着隐私遭到侵犯。[5]

在该事件中，野生动物世界在使用指纹识别作为入园方式时，就已经收集了用户的照片，在指纹识别入园的语境下，人脸信息并非必要信息，照片收集就已经造成了信息属性与信息语境的不匹配。从这一角度来看，虽然野生动物世界并未出现游客照片信息的泄露，但这一行为已经侵犯了年卡用户的隐私。之后变更入园方式为人脸识别的行为一定程度上可以看作对技术的滥用。人脸识别技术的核心功能是识别人脸信息，野生动物世界入园检票的主要目的是核对门票信息，检票阶段使用人脸识别进行身份验证会导致原有的语境完整性存在被破坏的风险，从而产生隐私风险。[6] 在许多社交媒体所报道的“人脸识别第一案”相关评论中，可以看到有大量网友在质疑为什么小区、学校、售楼部、公司等地方也要使用人脸识别，这反映了公众对人脸识别技术的担忧主要源于技术滥用可能导致的隐私泄露风险。公众从直觉的角度就能感知到许多场所采用人脸识别带来的强烈不适，背后的原因就是相关语境与信息属性明显不匹配，为了一个简单的目的而收集处理敏感的人脸信息，使得人们的隐私时刻面临被侵犯的可能。可以说，野生动物世界这类游玩场所本身就不应当采用人脸识别这一入园方式。

3.3　公众对人脸识别技术的信任缺失

人脸识别引发公众担忧的另一个原因是信任缺失。信息泄露事件自互联网时代开始就时常发生，哪怕是谷歌（Google）、Meta（原名脸书）这些全球互联网大公司，也无法杜绝信息泄露的风险，因此公众无法信任人脸识别技术公司是无可厚非的。并且，人脸识别技术的运行逻辑加剧了公众对此的不信任，以该事件为例，野生动物世界采用人脸识别意味着园方首先假定游客的身份存疑，游客只有通过提供人脸信息才能达到验证自己真实身份的目的，这种社会交往选择对游客而言是“先疑”的。[7] 而这种自证的风险几乎全部由游客承担，游客为了自证，需提供人脸信息，对游客的认可则由机器做出，一旦机器出现识别偏差或错误，或是技术公司发生信息泄露，则游客没有任何手段去证明机器或技术公司的错误，也没有相应的途径去维护自己的隐私权利。面对这样的技术逻辑，公众自然无法出于信任而交出自己的人脸信息。除了技术逻辑下的信任难题，管理模式的复杂也使得信任变得困难。一般而言，场所管理者需要与技术公司达成合作才能实施人脸识别，技术公司的信息处理过程也可能存在外包现象，这就导致公众作为信息主体需要面对多个信息处理者，而人们在交出自己的人脸信息之后就失去了信息控制权，信任一个信息处理者尚且如此困难，这种多重信任则更加难以实现。

4. 结论与启示

在涉及人脸识别的《规定》出台之后，我国在 2021 年 8 月 20 日随即通过了《个人信息保护法》。毫无疑问，个人信息保护是人工智能发展过程中的重要话题，人脸识别技术这类涉及个人敏感信息的技术更是重点关注领域。“人脸识别第一案”无疑对我国个人信息保护的完善而言具有重要的意义和启示，该案的判决很好地体现了法律法规中有关个人信息安全和隐私权等规定的内在要求。在信息化、智能化逐渐深入的当下，仅靠法律法规无法贯彻保护人们的个人信息，技术公司、公众、监管者等各方同样需要作出努力。例如，区分不同技术使用主体的责任、提高公众的数字素养和能力、完善信息监管机制、提高技术隐私安全，等等。人工智能技术的应用往往是系统性的，其科技伦理治理同样需要依靠一个规范的治理系统，多元主体协同治理才能有效应对技术发展道路上的个人信息保护问题。

参考文献

[1] 章然:《动物园有权采集我的脸吗》，载《钱江晚报》2019 年 11 月 4 日，第 2 版。

[2] 郭兵诉杭州野生动物世界有限公司服务合同纠纷案，浙江省杭州市中级人民法院（2020）浙 01 民终 10940 号民事判决书。

[3] 段锦:《人脸自动机器识别》，科学出版社 2009 年版，第 13 页。

[4] 王文祥:《知情同意作为个人信息处理正当性基础的局限与出路》，载《东南大学学报（哲学社会科学版）》2018 年第 S1 期。

[5] Helen Nissenbaum, *Privacy in context: Technology, Policy, and the Integrity of Social Life*, Stanford University Press, 2010, p.127.

[6] 蒋鹏宇、杜严勇:《人脸识别技术的隐私问题探析》，载《云南社会科学》2023 年第 4 期。

[7] 刘佳明:《人脸识别技术正当性和必要性的质疑》，载《大连理工大学学报（社会科学版）》2021 年第 6 期。

案例 2.3　亚马逊智能音箱 Echo 窃听风波 *

1. 引言

智能语音交互技术正悄然改变着社会大众的交流方式，尤其是以智能音箱（Smart Speaker）为代表的设备，已深入人们的日常生活。从早期的亚马逊（Amazon）智能音箱 Echo，到谷歌的 Google Home，再到阿里巴巴的天猫精灵和小米的小爱音箱，智能音箱的普及已跨越国界，成为全球范围内的一股热潮。智能音箱的广泛应用，源于其能够满足用户多样化的需求，包括开关电器、播放音乐、语音搜索及在线购物等。由于其数据收集场所具有高度的私密性，因而也被视为家庭或其他私人场景下个人语音大数据的主要入口。[1]

智能音箱的研发与普及，无疑为人类生活带来了极大的便利，但也引发了人工智能时代新的隐私伦理问题。如何在享受智能音箱提供的便捷服务的同时有效保障个人隐私和数据安全，已成为智能时代亟待解决的关键议题。

2. 事件经过与争论

2018 年 5 月，美国俄勒冈州发生了一起广为人知的智能音箱窃

---

* 本文作者为李翌，作者单位为同济大学人文学院。

听事件。一对夫妻向媒体爆料称，其家中的亚马逊智能音箱 Echo 在没有获得任何许可的情况下将私人对话进行录音，并在主人毫不知情的情况下，将音频发送给了联系人列表中的人。这位 Echo 用户丹妮尔（Danielle）称，她的丈夫在西雅图的一名雇员竟然收到了来自她家中的录音片段。该雇员警告丹妮尔的丈夫："马上拔掉你的 Alexa（亚马逊智能语音助手）设备的插头，你被黑客攻击了！"事后，这对夫妇经过核实，确认这段录音正是他们在家中进行的私人对话，而且确实是由 Echo 设备录制的。

丹妮尔深感被侵犯，她表示："这完全是对我隐私的侵犯。我再也不会使用这些设备了，因为我无法再信任它们。"在拔掉家中四台携式蓝牙音箱 Echo Dot 设备的电源后，她多次致电亚马逊寻求解释。对于此次事件，亚马逊当时的回应是，这是 Echo 设备的一次"误操作"。也就是说，Echo 设备在运行过程中，错误地将一段对话内容识别为用户的指令，误以为用户希望将之前的语音内容发送给通讯录中的某个人，从而导致了这次所谓的"隐私泄露"事件。

亚马逊在一份声明中明确指出："用户的对话被视为'发送消息'的请求。""当时，Alexa 问：'发给谁？'这时，背景对话中被提到的人名被 Alexa 误解为联系人列表上发送对象的名字"。一位发言人进一步补充说："尽管这一系列事件发生的概率很小，但我们正在评估可能性，以使这种情况发生的概率更低。"

此外，值得注意的是，早在 2018 年 2 月至 3 月间，就有一些亚马逊 Echo 用户在推特、红迪网（Reddit）等社交平台上分享了他们的遭遇。他们表示，这些设备在没有被触发的情况下，或是在被要求做其他事情的时候，会突然发出诡异的笑声。

装载了亚马逊人工智能助手 Alexa 的 Echo 智能音箱等设备自

2014年上市以来一直备受欢迎。随后，谷歌和苹果相继推出了类似的产品，如 Google Home 和 HomePod。这些技术的支持者设想，这些设备最终将能够协助处理各种私人事务，从智能家居设备的操作到汽油费的支付等。从2017年开始，亚马逊允许 Echo 进行电话通话和信息发送，从而使得这些设备在家居和车辆中的普及度日益提高，但同时引发了一些消费者和分析人士关于隐私的新担忧。他们担心，互联网连接的麦克风与人工智能驱动的自动化功能相结合，可能会导致误操作或被恶意利用。

理论上说，这类智能音箱在不使用时通常处于离线状态，只有在听到特定的"唤醒词"时才会联网。以亚马逊的 Echo 为例，其默认的唤醒词就是"Alexa"。但这也意味着，只要设备处于通电状态，其麦克风就始终处于开启状态。对一些人来说，这种联网状态可能带来潜在的安全隐患。[2]

智能音箱通过搭载的智能语音助手来提供服务，用户只需对音箱说出特定的触发词，音箱便能被迅速唤醒，并记录用户的请求。随后，这些请求会被发送至云端服务器进行处理，生成相应的响应，并被再次传回至音箱。

尽管智能音箱仅在接收到特定的唤醒指令时才会作出回应，但其在休眠状态下依然持续收集用户的声音和信息，并将这些数据存储在后台。这一特性使得智能音箱存在诸多潜在风险，包括个人隐私的泄露、误触发唤醒功能及可能遭受的黑客攻击等。2018年8月，在美国拉斯维加斯举办的全球黑客大会 Defcon 上，腾讯安全团队在短短的26秒内就成功破解了亚马逊的 Echo 设备，实现了对该设备的远程控制，使设备在不经过唤醒或任何提示的情况下静默录音，并将这些录音文件通过互联网发送给远程服务器。[3]

近年来，智能音箱飞速发展并广泛应用，然而，与之相伴的安全问题却始终未获得应有的重视。事实上，早在 2017 年，美国消费者保护组织就发布了一份报告，警示消费者未来智能音箱可能会监听并记录用户的所有私密对话。鉴于智能音箱在智能家居系统中通常扮演核心枢纽的角色，一旦其被黑客控制，整个智能家居系统也将面临被操控的风险。因此，深入探究智能音箱的安全隐患并制定相应的防范措施，对于保障用户隐私和智能家居系统的安全而言至关重要。

3. 案例分析与讨论

3.1　智能音箱的隐私问题

智能音箱是智能家居体系的中枢，一旦被黑客攻击，整个家居系统都将可能遭受操控。技术本身的缺陷及监管机制的缺失使得智能音箱可能遭到误用与滥用，进而严重威胁用户隐私，包括智能音箱的数据收集与滥用使得个人隐私信息遭受侵犯、非法监听与滥用对家庭空间的安全构成威胁，以及用户知情同意权的缺失与个人隐私权被忽视。

3.1.1　数据收集与滥用使得个人隐私信息遭受侵犯

智能音箱在运行过程中会收集大量的用户数据，包括语音指令、家庭对话片段等。这些数据往往涉及用户的生活习惯、经济状况、家庭成员信息等隐私内容，如果这些数据被不当使用或泄露，用户的隐私将受到严重侵犯。同时，智能音箱在无意中录下用户的私人谈话或敏感信息，也可能导致隐私泄露。例如，智能音箱可能将非用户授权的语音信息识别为指令，进而执行不恰当的操作。如上述案例中，丹妮尔与其丈夫的商量“使用哪个牌子的硬木地板”的私密对话，被智能音箱 Echo 设备“误操作”，该设备将背景对话中提到的人名误解为联系人列表上发送对象的名字，并将上述私密对话的录音文件发送到第三方，从而严重侵犯了用户的隐私。

3.1.2　非法监听与滥用对家庭空间的安全构成威胁

智能音箱的语音识别功能使其能够实时监听环境声音并作出响应，然而，这也为家庭空间的安全带来隐患。一些不法分子可能利用智能音箱进行非法监听，获取用户的私人信息或实施恶意攻击。此外，部分厂商或第三方服务提供者也可能滥用这一监听功能，收集用户信息以谋取商业利益或进行其他不正当行为。

一方面，智能音箱的便捷化和精准化在一定程度上满足了用户的个性化需求。通过对用户的语音信息进行算法相关性分析，智能音箱能够更高效地把握用户的个性特征，从而为用户提供更加符合预期的服务。另一方面，智能音箱对家庭空间的监听也对个人隐私安全构成威胁。特别之处在于，智能音箱具备定位功能，通过 WiFi 或蓝牙等技术能够获取用户的位置信息。这些信息一旦泄露，可能会暴露用户的家庭住址、工作地点等敏感场所，进而威胁到用户的人身安全。不法分子若利用这些信息进行跟踪、骚扰甚至实施更严重的犯罪行为，后果将不堪设想。

3.1.3　用户知情同意权的缺失及个人隐私权被忽视

在智能音箱的使用过程中，用户的知情权和同意权往往得不到充分保障。一些厂商在收集用户数据时，既未明确告知用户数据收集的具体目的和范围，又未获得用户的明确同意。这导致用户在毫不知情的情况下，其个人信息被收集，其隐私权受到潜在威胁。

一些智能设备在收集和使用用户个人信息时，并未通过隐私政策或其他方式，清晰地向用户说明收集信息的具体目的、方式、范围和频次，也未提供用户明确选择允许或拒绝的选项。这导致在不知不觉中，用户的个人信息被过度收集和使用。同时，在收集和处理个人信息的过程中，相关规则往往较为模糊。特别是当智能音箱等智能终端同时接入多个设备时，用户在与其中一款设备进行语音交互的过程中，可能并未在该隐私声明中明确声纹、指纹等敏感信息的存储、转移和二次加工等处理方式，一旦智能音箱产生数据泄露，将可能引发广泛的恶劣影响。[4]

3.2　智能音箱隐私问题的应对措施

3.2.1　增强用户的隐私保护意识

从技术使用者的角度出发，增强用户的隐私保护意识和隐私管理能力，是防范隐私泄露的首要手段。在智能技术的运用过程中，部分用户过度信赖智能设备，却忽视了对个人隐私的保护，通常在没有充分了解智能技术潜在风险的情况下，便急于应用这些技术，无形中增加了个人隐私信息泄露的风险。例如，在使用智能音箱时，用户往往容易忽视或低估其可能带来的风险，这就为隐私侵犯提供了生存空间。

因此，从技术使用者的角度来看，增强隐私保护意识显得尤为重要。首先，用户应明确自身的隐私权，深入理解自己与相关主体的权利和义务，清晰认识智能语音交互技术带来的利益与风险并存，确保在充分知情和同意的基础上使用智能音箱。其次，用户需提升个人隐私管理能力。学习如何正确设置和使用智能音箱，避免个人隐私信息的泄露。例如，可以定期检查和更新设备的隐私设置，限制设备的数据收集范围和使用权限。最后，用户应保持对隐私政策更新的关注，确保个人隐私权益得到有效保障。总之，加强用户的隐私保护意识，明确隐私权并提升隐私管理能力，是有效防范隐私泄露风险、确保个人隐私信息安全的关键所在。

3.2.2 提升智能技术的安全性能

从技术研发的角度来看，提升智能技术的安全性能，并将隐私保护理念深度融入技术设计之中，是发挥智能技术价值的核心路径。智能语音交互技术带来的风险与挑战，若在其发展初期未能得到妥善控制，将会随着问题的逐步深化变得愈发难以管理，进而对人类的生存安全构成严重威胁。

1980年，英国学者大卫·科林格里奇（David Collingridge）在《技术的社会控制》（*The Social Control of Technology*）一书中提出了科林格里奇困境（Collingridge's Dilemma），用以揭示技术对人类社会的潜在控制。他指出，"一项技术的社会后果不能在技术生命的早期被预料到。然而，当不希望的后果被发现时，技术却往往已经成为整个经济和社会结构的一部分，以至于对它的控制十分困难。"[5] 技术发展的不可预知性往往容易引发技术失控现象，进而对人类安全构成威胁。因此，增强智能技术的安全性能是技术研发者的迫切责任。

针对智能音箱收集、泄露使用者个人隐私的问题，一方面，应在产品设计时加入"隐私保护原则"，当用户的隐私保护意识不足时，产品本身应主动提醒用户增强隐私保护意识；另一方面，应提升科技公司数据处理实践的透明度，建立用户对技术的信任。[6] 总之，通过在智能音箱设计中嵌入"隐私保护原则"和"数据脱敏"等机制，能有效保障用户的隐私安全，从而化解隐私泄露的风险。

3.2.3 完善相关法律法规

在智能音箱普及之前，已经有过类似的家庭音频控制系统[7]，但智能音箱的使用场景更具私密性，可能涉及的敏感信息也更为广泛。因此，完善法律法规以保护用户隐私并推动智能技术的健康发展至关重要。

首先，应明确数据隐私保护法规。例如，欧盟在2018年实施的《通用数据保护条例》(GDPR)便对个人数据与个人敏感数据进行了清晰界定。[8] 数据隐私保护法规的制定旨在明确智能音箱在收集、处理和使用用户数据时的行为准则，确保用户数据得到合法、合理且必要的处理。特别是在涉及用户敏感信息时，应设定更为严格的法律标准，或采取更为先进的数据加密技术。其次，应建立严格的监管机制。这包括成立专门的监管机构，定期对智能音箱产品的隐私保护情况进行审查，并对任何违规行为进行严厉处罚。同时，应建立用户投诉举报机制，鼓励用户对侵犯隐私的行为进行举报，并及时处理用户的投诉，保护用户的合法权益。再次，应加强政策扶持和资金支持。加强隐私保护技术的研发与应用，引导企业和科研机构投入更多资源来研发先进的隐私保护技术，如差分隐私、联邦学习等，以提高智能音箱的隐私保护能力。最后，应推动隐私保护技术的标准化和规范化，确保技术的有效性和可靠性，为用户的隐私安全提供更加可靠的保障。

4. 结论与启示

随着智能语音交互技术的不断发展与普及，个人隐私泄露风险也日渐增大。在享受智能音箱带来的便捷服务的同时，我们更应关注其可能带来的风险与挑战。通过提升用户的隐私保护意识、完善相关法律法规、确保用户的知情权和同意权得到充分尊重与保障，可以有效应对智能技术的潜在风险和负面影响，推动技术发展的良性循环。

参考文献

[1] 参见管佖路、顾理平：《智能语音交互技术下的用户隐私风险——以智能音箱的使用为例》，载《传媒观察》2021 年第 6 期。

[2] 澎湃新闻：《亚马逊智能音箱窃听风波：未经许可录下主人对话发给联系人》，载 https://baijiahao.baidu.com/s?id=1601425715676642130&wfr=spider&for=pc，2024 年 4 月 17 日访问。

[3] 参见姚心璐：《智能音箱，你在窃听我吗？》，载 https://baijiahao.baidu.com/s?id=1641466981165132295&wfr=spider&for=pc，2024 年 4 月 17 日访问。

[4] 韩鑫：《为智能设备加道安全滤网》，载《人民日报》2021 年 11 月 2 日。

[5] D. Collingridge, *The Social Control of Technology*, New York: St. Martin's Press, 11 (1981).

[6] Pollach I, *Privacy statements as a means of uncertainty reduction in WWW interactions*, Journal of Organizational and End User Computing, 23–49 (2006).

[7] Wu C F, Wong Y K, Hsu H H, et al., *Applying Affordance Factor Analysis for Smart Home Speakers in Different Age Groups: A Case Study Approach*, Sustainability, 21–56 (2022).

[8] General Data Protection Regulation，载 http://www.cioall.com/uploads/f201808160902028081 2.pdf，2024 年 4 月 18 日访问。

第三章

数据中心引发的生态伦理问题

案例 3.1 “与民争水”：谷歌数据中心在达尔斯市的用水纠纷 *

1. 引言

达尔斯，隶属美国俄勒冈州，尽管地处哥伦比亚河沿岸，却仍陷于干旱缺水的状态。水一直是达尔斯生存发展的核心要素，而谷歌数据中心在达尔斯的消耗用水使得水再次成为民众议论的焦点。对谷歌而言，水是用于冷却数据中心的关键资源。当 AI 模型在计算运行时，数据中心会产生大量热量，为使其平稳运行，谷歌便以水冷的方式为其散热降温。据《俄勒冈人报》(*The Oregonian*) 报道，谷歌数据中心在过去五年的用水量同比增加了将近两倍，并已消耗达尔斯总用水量的四分之一以上。[1] 更为严峻的情况是，谷歌计划在达尔斯再造两个数据中心，这将进一步激化谷歌数据中心与达尔斯民众的“抢水”之战。同时，谷歌始终对其用水情况持保密状态，这进一步引起公众的不满。对此，《俄勒冈人报》/ 俄勒冈直播试图揭露谷歌在达尔斯的用水情况，致使谷歌深陷法律纠纷，并最终决定公开用水数据且承诺采取变革措施，相关报道的科技记者迈克 · 罗戈威 (Mike Rogoway) 也因此获得 2023 年布鲁斯 · 贝尔调查报道奖。

---

* 本文作者为姜惠，作者单位为上海交通大学马克思主义学院。

2. 事件经过

2005 年，谷歌在达尔斯建立数据中心，这也是达尔斯当地第一个数据中心。随着公司的发展，谷歌提出将在达尔斯再建两个数据中心。作为条件，谷歌承诺支付 2 850 万美元用以升级达尔斯的供水系统，将容量提高 50%，这足以满足公司的用水所需并为当地民众留下额外生活用水。该份协议得到市议会的支持，却引起当地居民、附近农民和环保主义者的质疑，因为他们对谷歌的实际用水情况并不了解，加之达尔斯本就处于长期干旱之中，这些问题加深了民众对长期供水的担忧。2021 年 9 月，新闻机构《俄勒冈人报》/ 俄勒冈直播首次要求公开谷歌在达尔斯的用水记录。作为回应，达尔斯以“商业秘密”为由拒绝，并声称这一行为符合俄勒冈州的公共记录法和此前所签订的保密协议。而《俄勒冈人报》/ 俄勒冈直播认为，根据俄勒冈州法律，公开谷歌的用水量有利于维护公众利益，而且谷歌的用水量不构成俄勒冈州法律定义的“商业秘密”，遂向瓦斯科县地方检察官提出诉请。10 月 15 日，瓦斯科县地方检察官马修·埃利斯（Matthew Ellis）作出了支持该新闻机构的裁决，要求达尔斯公布这些记录。根据俄勒冈州法律，政府机构可以起诉要求提供记录的组织以对此提出质疑。10 月 29 日，达尔斯提起诉讼，以阻止谷歌用水数据的公布，法院可能需要数周或数月的时间才能作出裁决，这意味着，即使达尔斯市在法庭上败诉，公众也不会在 11 月 8 日晚市议会对谷歌的水务交易进行投票之前知道谷歌用水的细节。[2] 最终，达尔斯市议会以 5 ∶ 0 的投票结果通过了与谷歌之间价值 2 850 万美元的协议。[3] 随着事件的发酵，公众在公开会议和社交媒体中对此进行激烈讨论。经过一年多的辗转，达尔斯市向瓦斯科县巡回法院提交和解协议，同意公开谷歌 2012—

2021 年的用水数据，并提供未来几年的年度用水量。至此，谷歌在达尔斯的用水纠纷得以终结，此案的广泛影响也使谷歌不得不根据公开透明原则改变其数据中心在全国范围内的用水政策。

3. 争论

根据美国干旱监测机构的数据显示，达尔斯长期处于干旱之中，其水资源之争有史以来绵延不绝。由于联邦法律严格管理河流用水，因而尽管达尔斯邻近哥伦比亚河，也只能从流经水处理厂的几条河流及地下水源取水。当谷歌宣布计划在达尔斯再建数据中心并需更多用水时，毫无疑问，将引起不同利益和原则群体的争论。总的来看，这种争论无非是针对科技巨头对水资源利用的支持与反对之音。

一方为以居民、环保主义者为代表的抵制态度。据美国地质调查局地下水资源计划提供的数据显示，俄勒冈州中北部大部分地下蓄水层在持续下降，多年干旱使达尔斯附近的农场和水井不堪重负，所以当谷歌计划向主要含水层抽取更多的水时，当地或附近居民对此倍感担忧。其一，主要含水层的边界没有明确界定。达尔斯居民本杰明·达姆（Benjamin Damm）在某一次市议会会议上表示，尽管达尔斯保证主要含水层的供水状况，但若含水层确实下降且影响到郊区人们的用水，该如何处理？居民是否拥有追索权？[4]其二，气候变化对水源供给的影响及应对暂不明确。道恩·拉斯穆森（Dawn Rasmussen）作证指出她的井水持续下降，并提出疑问，如果降雨和降雪没有到来，含水层便得不到有效供给，相关预测信息也将缺乏，此时又当如何应对？事实上，受气候变化影响，位于达尔斯附近并为其地下蓄水层蓄水的喀斯喀特山脉的积雪每年都在减少，冰川也在不断融化。亚基马克利基塔特渔业项目（Yakama Nation Fisheries）的环境协调员伊莱恩·哈维（Elaine Harvey）表示，如果谷歌坚持使用达尔斯的水资源扩建数据中心，将加重当地干旱情况，并对植物生命、鱼类生命、野生动物和社区产生影响。

一方为以议会议员、政府官员为代表的赞同态度。虽然谷歌的用水要求在达尔斯社交媒体上引发了强烈谴责，一些议员也称收到了民众表达愤怒的电话和电子邮件，但因为并没有出现有组织性的反对群体和活动，所以议会始终支持这笔交易。市政府官员坚称他们的研究表明，即使整体的天然供水量下降，达尔斯也将在与谷歌的协议下拥有更多的可用水资源。目前，达尔斯的供水系统容量限制在每天约 1 000 万加仑，该市表示，无论谷歌是否扩建数据中心，达尔斯的用水总需求都在增长。在该笔交易中，谷歌公司的部分地下水权被割让给该市，将处理过的水泵入含水层后，达尔斯的供水产能会扩大到每天 1 500 万加仑。虽然达尔斯没有透露谷歌想要多少水，但表示每天增加的 500 万加仑水将满足公司的需求，额外水量则将供公众使用。达尔斯公共工程总监戴夫·安德森（Dave Anderson）主张，通过与谷歌的交易，达尔斯将获得相比其他方式而言更多的水，其不仅能在水权和新产能方面收到大于谷歌新开发项目所要求的水量，还能保证居民有水可用。

4. 案例分析

4.1 谷歌数据中心巨量用水的要因呈现——对人本原则的背离

近年来，谷歌用水量如此之大且不断增加的原因之一是人工智能在其运营过程中的关键作用发挥。“事实上，用水的并不是 AI 模型本身，而是数据中心的散热系统”。[5] 大众一般认为，AI 的前景和未来更依赖于硬件和软件等基础设施及技术的更迭。顾不知，AI 需要大量数据及反复训练，而承担传递、展示、计算、存储数据信息功能的正是数据中心。诸多服务器的高密度聚集，催使科技公司探寻保证其连续运行的散热方式。其中，蒸发和放空是冷却数据中心最常用的方法，也是水冷型数据中心耗水的主要环节。除了蒸发会失去水分，数据中心还会定期对冷却系统进行清洗，这也将消耗一定的水资源。谷歌通常将数据中心建于人口中心之地，以帮助其网络服务快速响应，而在长期干旱的达尔斯，数据中心的内部处理单元很容易发热，这就需要更多的水来进行冷却。相比较而言，水是最有效的冷却手段，水冷数据中心比空冷数据中心的能源消耗约少 10%，碳排放约少 10%。[6] 因而，若负责任地应用，水冷却可以在节能减排方面发挥重要作用。

诚然如斯，水是谷歌冷却数据中心的关键资源，但对常年干旱的达尔斯而言，水资源之争是一项巨大的挑战。一方面，如加州大学河滨分校电气与计算机工程系副教授任绍磊（Shaolei Ren）所言，冷却系统中大约 20% 的水（未蒸发的水）在循环结束后被排入废水处理厂，这些水含有大量的矿物质和盐分，如果不进行处理，就无法供人类使用。另一方面，数据中心需要使用经过处理的清洁水，以避免管道堵塞和细菌滋生。在使用海水或再生水时，必须先对其进行净化处理，然后才能将其输入冷却系统。[7] 就谷歌而言，其在达尔斯的用水大部分取自饮用水源，这进一步加深了达尔斯民众的用水危机，违背了人工智能的人本原则。

在技术竞争的牵引下，数据中心的用水量与日俱增。随着技术竞争在全球范围内的加速展开，谷歌在蓬勃发展的云计算市场中正加速追赶亚马逊和微软（Microsoft），其用水量在相当长一段时间内将不会下降。咨询公司 Critical Facilities Efficiency Solutions 首席执行官凯文·肯特（Kevin Kent）表示："要想跟上这种竞赛速度，数据中心的需求相当疯狂，但它们不可能总是作出最环保的选择。"[8]但是，在使用水资源的过程中，数据中心应坚持提高人民生活质量和提升社会公共利益的理念，在满足民众用水需求的前提下解决AI"口渴"问题。

4.2 谷歌数据中心及法律的透明性问题——对公开透明原则的挑战

在《俄勒冈人报》记者迈克·罗戈威（Mike Rogoway）要求公开谷歌的用水情况后，达尔斯对该报纸和记者提起诉讼，寻求宣告性救济，要求法院根据俄勒冈州的《公共记录法》和《俄勒冈州统一商业秘密法》宣布谷歌用水为商业秘密，该问题关键在于谷歌的用水是否确实属于商业秘密。根据达尔斯政府的说法，谷歌用于冷却其数据中心的水量满足《公共记录法》和《俄勒冈州商业秘密法》对商业秘密保护的要求，因此可以免于披露。达尔斯声称用水量涉及数据中心运营，仅少数人知道，因为这些数据中心在全球市场上具有竞争力，披露用水量可能会剥夺谷歌的投资和专有技术的价值。但罗戈威反驳道，谷歌早已公开数据中心在美国其他州的用水情况，且这些水是来自达尔斯地下含水层的公共资源，公众有权知道谷歌在扩张后已经消耗了多少水，并打算消耗多少水。实际上，这就涉及人工智能的公开透明原则。达尔斯及谷歌在数据中心用水问题上未能"坚持公开透明原则，置于相关监管机构、伦理委员会及社会公众的监控下"[9]，使得这一问题始终带有极高的不可预知性和不确定性。

除技术层面的公开透明，该案件也挑战了法律层面的公开透明。在这场法律斗争中，谷歌已支付106 000美元来资助达尔斯维护数据中心的用水数据秘密，且还将支付 53 000 美元，作为新闻自由记者委员会的法律费用，该委员会是代表俄勒冈人 / 俄勒冈直播的非营利性组织。这一安排引发了人们对政府是否愿意在透明度问题上服从私营公司的质疑，以及对达尔斯如何应用俄勒冈州公共记录法的担忧。俄勒冈大学新闻与传播学院前院长蒂姆·格里森（Tim Gleason）称，立法机关可能从未考虑过私营公司为封存公共记录提供资金的可能性，既然这种情况已经发生，立法者应该重新审视公共记录法，以防止私营企业阻碍公众了解公共信息。[10] 就此而言，从狭义上讲，人工智能的发展应用给法律法规以新的冲击，法律应“以‘柔性治理’的理念推动技术规制”[11]，并展开法律创新。

滑稽的是，谷歌对数据中心耗水问题的应对，违背了人工智能的公开透明和公正原则，背离了其创始使命——“组织世界信息，使其普遍可访问和有用”。

4.3 谷歌水资源管理的有力尝试——对可持续原则的遵循

在谷歌与达尔斯的交易中，达尔斯将开发一些未使用的地下水，这些地下水每天总计约 500 万加仑，主要来自废弃水井。其中，谷歌将每日从中提取 390 万加仑的地下水。达尔斯将把水处理厂处理过的水和该市有权使用的其他地下水泵入含水层，以便在干燥的夏季提取使用。鉴于美国国家法规允许该市使用进入含水层的 90% 的水，因此该计划设想稳步向含水层泵入水量，而非从中抽取水量。不过，诚如谷歌所主张的，预测谷歌数据中心人工智能计算的能源使用及排放的未来增长量是复杂且困难的。在此之后，谷歌在其年度环境报告中设定了一个可量化目标，谷歌的水资源管理计划指出，“谷歌将在全球范围内平均每年补充比消耗量多 20% 的淡水，并帮助恢复和改善水源质量及所在社区生态系统的健康状况。我们将把精力集中在缺水地区，为那些最需要的人提供支持”。从谷歌 2023 年环境报告中可见，谷歌水资源管理主要集中在实施节水措施上——尽可能减少用水量。更为关键的是，谷歌还实施了水再利用实践，回收饮用水并对其进行处理，以满足非饮用水再利用（例如灌溉或冲厕所）的所需水质。[12] 谷歌数据中心将实行负责任用水，在可行的情况下采取减少淡水消耗的技术和解决方案，并使用再生废水甚至海水等作为替代来源，在全球业务中推动水的再利用。

从全球范围的环境状况来看，世界气候紧急情况和水资源短缺真实且迫切：全球 80 多个大型城市的饮用水供应严重短缺，威胁着超过 1 亿人的健康状况和经济福祉。联合国估计，到 2050 年，全球干旱可能会影响地球上 75% 的人口。[13] 谷歌致力于与社区、行业及地方和国家政府合作，主要内容有：（1）确定并分享在运营中进行水资源管理的最佳实践；（2）收集和分享从利益相关者（尤其是公用事业公司）获得的关于近期和中期水资源供应和流域风险的全球和地方层面的精确数据，以便作出更好的决策；（3）领导和加入全球补水和流域健康项目的集体行动倡议。[12]

总的来看，谷歌在达尔斯用水纠纷问题上的解决在很大程度上影响了谷歌对数据中心“水足迹”的管理。除上述途径外，谷歌还通过资金捐助、技术支持等手段，确定了新的、有影响力的组织与特定流域合作。

5. 讨论

关于谷歌在达尔斯用水情况的法律纠纷，尽管以谷歌承诺公开用水数据为终，但我们应清楚地看到，在谷歌与达尔斯所通过的协议中，谷歌将在达尔斯再建两个数据中心，用水数据的公开并未根本终结谷歌将对达尔斯当地水资源进行进一步的消耗。因而，谷歌对达尔斯水资源的掠夺从较短一段时间来看并不太可能得到改善。窥一斑而知全豹，谷歌在达尔斯之触目惊心的用水数据背后，隐藏着全球 AI 正在消耗的巨大“水足迹”。客观来讲，在 AI 发展大势所趋与绿色低碳紧迫诉求的双向拉力中，AI“水足迹”问题至关重要但暂无完美方案。从长远来看，AI“水足迹”的解决需要依靠各国普遍接受的国际标准，这进一步涉及大国之间的技术博弈与权力博弈。

参考文献

［1］Mike Rogoway, *Google's Water Use is Soaring in the Dalles, Records Show, with Two More Data Centers to Come*, Oregonlive (Dec. 17, 2022), https://www.oregonlive.com/silicon-forest/2022/12/googles-water-use-is-soaring-in-the-dalles-records-show-with-two-more-data-centers-to-come.html.

［2］Mike Rogoway, *Why does Google Need So Much Water in the Dalles, and Where's It Coming From? Q&A*, Oregonlive (Nov. 7, 2021), https://www.oregonlive.com/silicon-forest/2021/11/why-does-google-need-so-much-water-in-the-dalles-and-wheres-coming-from-qa.html.

［3］Mike Rogoway, *The Dalles OKs Contentious Water Deal to Cool Google's Data Centers*, Oregonlive (Nov. 8, 2021), https://www.oregonlive.com/silicon-forest/2021/11/the-dalles-oks-contentious-water-deal-to-cool-googles-data-centers.html.

［4］Mike Rogoway, *The Dalles Sues to Keep Google's Water Use a Secret*, Oregonlive (Nov. 1, 2021), https://www.oregonlive.com/silicon-forest/2021/11/the-dalles-sues-to-keep-googles-water-use-a-secret.html.

［5］陈子帅、冯亚仁:《美国大型科技公司用水量激增，AI 将引发“水战争”?》，载 https://baijiahao.baidu.com/s?id=1785120031205480113&wfr=spider&for=pc，2024 年 1 月 18 日访问。

［6］Google, *Environmental Report 2023*, https://sustainability.google/reports/google-2023-environmental-report/, Jul. 24, 2023.

［7］张佳欣:《美数据中心与民争水引质疑》，载《科技日报》2023 年 11 月

29日，第4版。

[8] Quarkqiao：《揭秘谷歌21个数据中心冷却水成本　损耗惊人引发环境担忧》，载https://tech.qq.com/a/20200406/003050.htm，2023年11月30日访问。

[9] 金东寒：《秩序的重构》，上海大学出版社2017年版，第72页。

[10] Mike Rogoway, *The Dalles Settles Public Records Lawsuit over Google's Data Centers, Will Disclose Water Use to the Oregonian/OregonLive*, Oregonlive (Dec. 14, 2022), https://www.oregonlive.com/silicon-forest/2022/12/the-dalles-settles-public-records-lawsuit-over-googles-data-centers-will-disclose-water-use.html.

[11] 周佑勇：《论智能时代的技术逻辑与法律变革》，载《东南大学学报（哲学社会科学版）》2019年第5期。

[12] Google, *Google Water Stewardship: Accelerating Positive Change at Google, and Beyond*, 2021.

[13] MSC咨询：《Google刚刚发布了2023环境报告，我们可以学到什么?》，载https://www.shangyexinzhi.com/article/10426360.html，2023年12月11日访问。

案例 3.2　爱尔兰数据中心何去何从 *

1. 引言

最近几年，谷歌、亚马逊、苹果等众多国际领先科技企业相继斥资在爱尔兰建设数据中心，爱尔兰首都都柏林得有“欧洲硅谷”之称。截至 2023 年 6 月，爱尔兰有 82 个运营数据中心，另有 14 个正在建设中。[1] 不幸的是，这些超大规模数据中心的用电量几近于整座城市的用电量，以至于对爱尔兰的供电造成威胁。根据爱尔兰中央统计局（CSO）的统计数据，2021 年，爱尔兰数据处理中心（DPC）消耗了该国 14% 的电力，超过该国所有农村家庭的用电总和（12%）。2022 年，爱尔兰的数据中心（DPC）消耗了该国全部电力的 18%，相当于所有城市家庭的用电总量（18%）。[2] 随着计算需求的增加，爱尔兰国家电网运营商 EirGrid 表示，到 2030 年，爱尔兰的数据中心（DPC）消耗该国的电力数量比例可能会上升到 30%。[3] 对此，爱尔兰的民众及政府分别作出抗议与回应，以使企业用电需求同政府发电能力、输电规划保持一致。

2. 事件经过

2017 年 10 月，爱尔兰政府同意并声明加强爱尔兰数据中心持

---

* 本文作者为姜惠，作者单位为上海交通大学马克思主义学院。

续发展的战略政策框架，以推进经济增长和区域发展。政府的战略是：推动爱尔兰成为数字经济领域的投资首选之地，同时为当地新兴技术的研发创造有利条件；利用相关经济活动，创造高质量、可持续的就业机会；在确保潜在下行成本最小化的同时，实现经济效益最优化。此份政府声明的制定阐明了数据中心在爱尔兰企业战略中的重要地位，明确列出了支持政策，以确保爱尔兰的商业环境继续有利于整个地区的商业投资。[4] 在此推动下，数据中心在爱尔兰如雨后春笋般涌现。据相关数据统计，爱尔兰在过去几年的家庭电力需求减少了 9%，相比之下，数据中心的电力需求猛增了 31%。爱尔兰约有 190 万户家庭，因此平均一个数据中心消耗的电力相当于 23 000 个家庭的用电量。[5] 对此，爱尔兰民众纷纷发起抵抗运动，呼吁摁下新建爱尔兰数据中心的暂停键。

爱尔兰环保人士成立了名为“不能在这里　也不能在任何地方”（Not Here Not Anywhere，以下简称为其英文缩写 NHNA）的组织，并发起“停建数据中心”（Press Pause on Data Centres）的运动，举行了包括抗议、请愿在内的各种活动，最终取得一定程度的胜利。爱尔兰全国公用事业监管机构（CRU）宣布，限制在都柏林地区兴建数据中心，亚马逊和微软因此不得不取消在爱尔兰兴建数据中心的计划。[6]

直至 2021 年 11 月，面对电网超载的现实压力，公用事业监管机构提出：未签署电网连接合同的大型科技公司需自备应急电源，以进入国家电网，并在必要时减少电力消耗。据《爱尔兰时报》（*The Irish Times*）报道，一旦电力供应不足，国家电网将首先切断数据中心和大型能源用户的用电，以尽可能地保留医院和私人住宅的用电。在爱尔兰政府的应急计划中，根据提议的等级制度，大型能源用户将首先被要求切换到他们自己的发电机并脱离国家电网。

继大型能源用户之后，“非关键”用户将接续脱离电网，包括水泥厂等行业。医院“排在队伍的最后面”，“紧挨着”私人住宅。[7] 尽管受到数据中心运营商的行业阻力，至少到2028年，爱尔兰国家电网运营商在都柏林严格控制着数据中心的用电。

3. 争论

科技产业素为爱尔兰最具国际竞争力的核心产业，已建或在建的数据中心大多处于都柏林地区，其中现运营的82个数据中心中竟有77个位于此地。UCC清洁能源分析师保罗·迪恩（Paul Deane）表明，都柏林郊区M50公路附近的超大规模数据中心消耗的电力可能与基尔肯尼市一样多[8]，如此高的电力需求给电网系统带来难以承受的压力，因此有充分的理由暂停批准建设新的数据中心。就这一话题而言，政府与民众各自持有截然不同的立场与态度。

NHNA致力于终止爱尔兰的化石燃料勘探和新化石燃料基础设施开发，倡导向可再生能源系统公正过渡。诚然，NHNA是一个非化石能源组织，在研究爱尔兰的新天然气发电站时，该组织注意到其中许多开发项目与数据中心相随提出。鉴于数据中心容纳着服务器和其他IT设备，以支持数据传输和存储，NHNA认识到，为数据中心过量供电成为转型到非化石能源未来的巨大风险与重要阻碍。尽管爱尔兰的可再生能源发电量正在迅速增加，但如果数据中心继续以目前的速度扩张，额外的化石燃料发电还是十分必要的，特别是利用天然气发电来为数据中心供电。同时，在某些情况下，数据中心的用电需求被当作建设新的化石燃料基础设施的理由。为确保数据中心不会破坏向非化石能源未来的公正过渡，NHNA提出必须制定一项国家政策，为国家电网可以满足的数据中心能源需求水平设定上限，同时实现符合《巴黎协定》中承诺的可再生能源和气候目标。至关重要的是，在制定并实施这项政策之前，应先暂停数据中心的发展。

从2017年10月的爱尔兰政府声明中可见，政府并未提及暂停批准建设数据中心或要求以可再生能源供电，实际上支持了数据中心在当地的建设运营。该政府声明中直接论及："数据中心可以为电力系统带来好处，因为它们通常是一致的，而不是在夜间提供系统支持的'峰值'需求状况。此外，数据中心是系统服务和需求响应的潜在提供者，这对爱尔兰的能源系统有利。"气候和能源部长埃蒙·瑞安（Eamon Ryan）反对暂停批准建设数据中心，同时强调任何部门都不能推卸气候义务。"对于数据中心的所有大型用户来说，情况都是一样的。因此，我们可以提供清洁电力，这将给他们带来可持续的未来，但与此同时，我们不能打破碳预算。数据中心应是融入其中，而不是让他们退出"。瑞安坚持认为，数据中心可以而且需要成为解决方案的一部分，因为许多数据中心都雄心勃勃跻身于脱碳目标之列，例如谷歌计划到2030年实现碳中和。[8]

4. 案例分析

4.1　爱尔兰何以成为数据中心战略高地

大数据、人工智能是当前科技领域的发展焦点，数据中心的建设运营成为全球科技行业发展的关键枢纽。尽管科技企业可在世界范围内自由选择地点建设数据中心，爱尔兰还是以其有力的政策支持、健全的基础设施、高效的决策审查脱颖而出，颇受科技企业的青睐。

在政府政策支持方面：（1）根据企业政策，爱尔兰投资发展局（IDA Ireland）继续优先考虑数据中心投资，以提供经济影响，为提高爱尔兰全球ICT部门的生产率和附加值作出贡献，同时最小化外部成本。（2）爱尔兰提供具有竞争力和透明度的公司税收制度，加强对知识产权（IP）开发和管理，拥有健全的国家数据保护和数据隐私制度。（3）EirGrid和ESB Networks与数据中心开发人员开展合作，创新性地最大限度提高网络的效能，以满足数据中心对网络运行速度的运营需求。（4）CRU计划与EirGrid合作，通过制定包括潜在的位置信号在内的一系列措施，以确保地方和区域的电力供应安全，进而促进与数据中心相关的需求增长。

在基础设施保障方面：（1）数据中心需要大量的通信基础设施、国际电缆和本地光纤连接，当然，爱尔兰在此方面提供了便利的条件。随着爱尔兰与欧盟计划合作的电缆竣工，爱尔兰作为数据中心所在地的吸引力得到进一步增强。重要的是，爱尔兰在投资通信基础设施时，积极利用区域的能源供应优势，在开发可再生能源的区域地点提供专用和有弹性的通信基础设施，带动都柏林地区以外的数据中心的更多发展。（2）认识到化石能源和可再生能源之间的成本差异后，爱尔兰实施可再生能源电力支持计划，旨在鼓励可再生能源电力技术的发展。爱尔兰还提升当地社区对可再生能源电力项目的参与度与自主性，尽可能以可再生能源满足电力所需。

在决策审查系统中：（1）政府批准一系列措施，以简化对战略性基础设施项目的司法审查，这些措施旨在为规划和其他同意程序的决定提供更大的确定性。（2）政府同意制定立法，以简化对战略性基础设施项目的司法审查，住房、规划和地方政府部长将制定实施这些措施的详细立法草案。（3）高等法院决定，将战略性基础设施项目纳入自2018年2月26日起生效的新快速司法审查程序的范围。

总而言之，爱尔兰不断改善商业环境，确保其随着商业需求的发展而具有吸引力和竞争力，从而推进爱尔兰成为数据中心和相关经济活动等 ICT 产业的投资之地。

4.2 爱尔兰对利益与生态的价值抉择

如何协调数据中心的电力需求与生态保护，统筹社会效益与生态环境的共存共生？简要回答是，爱尔兰在目前的情况下是难以实现的。

数据中心的发展有助于实现企业和区域政策目标，是爱尔兰未来经济发展的重要战略因素。其一，数据中心作为一种外来投资形式，具有高度资本密集型特征，可以在其建设及运行阶段的相当长时间内提供就业机会，且报酬丰厚。其二，数据中心在数据内容丰富和数字服务定制化的时代，为中小企业提供了高效的服务，提高了企业的生产力和竞争力。为交付高规格建筑项目而不断吸纳前沿专业知识，爱尔兰诸多建筑企业借此在大型建筑、机电工程和项目管理等领域提高了自身业务水平，并足以向国外出口他们的专业服务。其三，爱尔兰数据中心的存在提高了其作为创新型经济体的国际知名度，反过来使爱尔兰成为相关行业和活动的首选地点，数据中心的发展标志着爱尔兰有能力提供和支持世界级的基础设施和数据管理。

现有数据中心的电力需求增加和新数据中心的加入，给爱尔兰电网带来巨大压力。根据爱尔兰中央统计局（CSO）的最新统计数据显示，从 2015 年到 2022 年，大型数据中心在爱尔兰的耗电量占比已由 5% 增长到 18%。据输电系统运营商 EirGrid 预测，数据中心和其他大型能源用户的电力需求可能在十年内增加一倍以上。大型数据中心代表着巨大的电力需求负荷，增加了电网压力，并带来能源转型新挑战。在大型数据中心的规划应用中，运营商滔滔不绝地谈论着可再生能源。但我们必须认识到，“可再生”能源只有一半可再生。例如，建造太阳能电池板和风力涡轮机所需的材料数量巨大，而且绝对不可再生。“那么所谓的进步实际上就是一项拙劣的交易”，环境成本是大型数据中心发展过程中始终值得关注和警惕的议题。

迪恩承认数据中心为爱尔兰带来的经济效益，但由于经济增长和生态保护难以齐头并进，政府往往需要作出艰难的决定。“我们需要决定，我们是否要减少温室气体的污染？抑或发展经济？因为两者目前很难调和”。[9] 更为复杂的是，该国到2030年要实现80%的可再生电力目标。由于爱尔兰数据中心已经使用了该国五分之一的电力，因而该行业的任何增长都将使爱尔兰的气候目标与环保政策趋于不可能实现。

4.3　爱尔兰陷于生态非正义的窘困

大型数据中心的“疯狂吃电”使爱尔兰面临停电危险，因而其进一步发展遭到民众的坚决反对，实际上，这一现象并非仅发生于爱尔兰一国之内，数据中心的用电问题在整个欧洲都遭受阻力。微软、谷歌、脸书、亚马逊是一些大型数据中心提供商，除爱尔兰外，德国、英国、荷兰和法国是欧洲数据中心数量最多的国家。这些数据中心提供商均为外来科技企业，其背后涉及正义问题。从技术维度与生态维度审视之，正义早已被列为人工智能伦理原则之一，但技术发达国家凭借其先进的技术水平和雄厚的资金实力，将耗水量极大的数据中心建于爱尔兰，致使爱尔兰过度承担与收益并不完全匹配的用水成本。当前，生态非正义问题已然十分紧迫，随着新技术的发展，这种非正义将愈演愈烈。

资本主义国家的制度根基与资本本性，决定了其往往通过转嫁形式解决自身危机、化解自身矛盾。科技公司通过投资等名义将超大规模数据中心迁移或新建于爱尔兰，无序利用当地水资源，进行生态殖民主义行为。在这一链条中，爱尔兰的水资源被过度消耗，获得了相较于外国科技公司而言极为有限的技术、经济、生态利益，并面临缺水，甚至是轮流停水的危机。这种资源占有、利益获取、责任承担的不平等，是隐藏于数据中心社会效益表象背后的生态非正义。从时空维度来看，爱尔兰遭受的生态非正义目前暂为代内生态非正义，若爱尔兰等国家不及时采取有力措施应对大型数据中心在当地的过度用水问题，那么这一代内生态非正义极有可能延伸到未来演变为代际生态非正义。代际生态非正义不仅关乎当代人及后代人之间的利益冲突，更关乎全体人类之间的利益冲突，“人工智能的代际共享的发展才是可持续的发展”[10]。因而，在数据中心用水问题上，任何国家、任何科技公司都应遵循正义原则，及时补救，把握责任与义务、利益与生态的有机融合，可持续地应用数据中心、发展人工智能。

5. 讨论

由于拥有各项便利条件，爱尔兰被视为数据中心发展的理想地点，爱尔兰虽拥有欧洲最多的大型数据中心，但也深受该国气候目标与电力供应的挑战。有学者分析，数据中心是大型电力用户，而爱尔兰的电力系统较小，诸多大型数据中心接入小型电网即为规模不匹配，这是爱尔兰电力系统处于危险之中的关键原因。[11]尤其对于都柏林而言，由于其拥有的大型数据中心在整个爱尔兰来看数量最多，因而其电力系统更为脆弱。爱尔兰还存在着资源的区域平衡问题，实际上，当某地电力无法实现充分供给时，区域之间的数据输送或许是一则妙计。当前，我国不仅有西电东送工程，还有“东数西算”工程及“优化数据中心建设布局”[12]。随着欧洲致力于实现数字化和脱碳，各国更应合作研究数据中心和绿色转型如何共存。

参考文献

[1] *Data Centres*, Not Here Not Anywhere (Oct. 1, 2024), https://notherenotanywhere.com/campaigns/data-centres/.

[2] CSO statistical publication, *Data Centres Metered Electricity Consumption 2022*, Central Statistics Office (Jun. 12, 2023), https://www.cso.ie/en/releasesandpublications/ep/p-dcmec/datacentresmeteredelectricityconsumption2022/.

[3] Aoife Ryan-Christensen, *The Rise and Rise of Data Centres in Ireland*, RTE (Aug. 17, 2022), https://www.rte.ie/brainstorm/2022/0815/1315804-data-centres-ireland-electricity-energy-resources-climate-change/.

[4] Government of Ireland, *Government Statement on the Role of Data Centres in Ireland's Enterprise Strategy*, Enterprise.Gov.ie (Jul. 27, 2022), https://enterprise.gov.ie/en/publications/publication-files/government-statement-on-the-role-of-data-centres-in-irelands-enterprise-strategy.pdf.

[5] Gerry McGovern:《数据中心鲜为人知的十大事实》，载 https://server.51cto.com/article/760347.html，2024 年 1 月 15 日访问。

[6] 魏城:《超大规模数据中心“吃电喝水”，在欧洲遇阻》，载 https://www.mycaijing.com/article/detail/490706，2024 年 1 月 18 日访问。

[7]《不必担心限电，爱尔兰家庭用电永远优先于数据中心!》，载 https://www.sohu.com/a/497221213_121124431，2024 年 1 月 6 日访问。

[8] 汪劲、田秦:《绿色正义：环境的法律保护》，广州出版社 2000 年版，第 10 页。

[9] Kevin O'Sullivan, *Data centres Q&A: How Big a Drain are They on Ireland's Energy Grid?* The Irish Times (Jun. 13, 2023), https://www.irishtimes.com/environment/2023/06/13/data-centres-qa-how-big-a-drain-are-they-on-irelands-energy-grid/.

[10] 莫宏伟、徐立芳:《人工智能伦理导论》，西安电子科技大学出版社

2022年版，第215页。

[11] Robbie Galvin, *Data Centers Are Pushing Ireland's Electric Grid to the Brink*, Gizmodo (Dec. 29, 2021), https://gizmodo.com/data-centers-are-pushing-ireland-s-electric-grid-to-the-1848282390.

[12] 周人杰:《实施“东数西算”工程 打造算力一张网》，载《人民日报》2022年3月1日，第5版。

案例 3.3　侵占圩田景观的数据中心：以维灵厄梅尔的微软公司为例 *

1. 引言

在荷兰，数据中心的建设运营及环境许可问题一直颇受争议，社会大众关注的劫难挑战同科技公司声称的服务社会形成鲜明对比。在针对数据中心的抗议中，尤以拯救维灵厄梅尔（Red de Wieringermeer）这一组织的谴责最为强烈，该组织反对微软在维灵厄梅尔圩田建造数据中心，旨在保护该地区的开放农业和绿色景观。拯救维灵厄梅尔组织关注数据中心对水、能源的消耗及碳排放等问题，通过诉讼等途径试图阻止数据中心的扩建。拯救维灵厄梅尔组织的诉请引起社会共鸣，科技公司继而召开信息交流会同当地民众了解需求并采取措施解决部分问题，当地居民与数据中心之间的对立似乎得到一定程度的缓解。从深层来看，关于数据中心的诉请实际被置若罔闻，微软依旧寻机扩建数据中心。当前，拯救维灵厄梅尔组织针对数据中心扩建的抗议仍在进行中。

2. 事件经过

2013 年，微软宣布将在荷兰建立数据中心的决定。2017 年，

---

* 本文作者为姜惠，作者单位为上海交通大学马克思主义学院。

能源公司 Vattenfal 和微软签署了一项为期十年的电力购买协议，维灵厄梅尔风电场将为微软数据中心提供运行所需电力。根据双方协议，维灵厄梅尔风电场将进行扩建，扩建后约有 100 座风力发电厂，并于 2019 年开始投入运营。[1] 十年内，仅建在维灵厄梅尔圩田的微软数据中心每年就消耗 3.5 太瓦时电力，几乎占荷兰当前总电消耗量的 3%。[2] 在微软接连获得数据中心环境许可的过程中，当地拯救维灵厄梅尔组织不断提出抗议，以阻止微软数据中心的开发建设。

2020 年 11 月，拯救维灵厄梅尔组织发表社论，强烈谴责数据中心对农业景观的破坏事实，指出广袤的圩田景观被巨型风力涡轮机、大型数据中心所取代。批评人士还指出，该设施将为欧洲、中东和非洲的用户提供服务，其便利并非为本地提供。在维灵厄梅尔区域规划中，荷兰克鲁恩（Hollands Kroon）市最初设定 2 500 公顷的空间用于建设温室和数据中心，但由于抗议活动涌现，最终决定将其减少到 750 公顷，且在以后每五年审查是否应再增加 750 公顷。

2021 年 1 月，微软获得了在荷兰西北部荷兰克鲁恩市建立第二个数据中心的环境许可。尽管当地居民提出停止施工的投诉，包括拯救维灵厄梅尔组织的抗议活动，但仍未改变批准结果。

2021 年 10 月，微软为 Middenmeer 数据中心的居民举行在线信息交流会，荷兰克鲁恩市的居民、记者和相关人士应邀参加会议。除介绍数据中心的实用性和必要性外，交流会还谈到水和能源的消耗及当前数据中心的扩建情况。据内部文件显示，北荷兰的数据中心，尤其是维灵厄梅尔的数据中心用水量极大，每个数据中心每年消耗 230 万立方米水，而一个家庭平均每年使用 50 立方米水。在炎热的夏季，数据中心和家庭需水量激增，因而人们非常担心家庭饮用水供应可能会受到威胁。作为回应，荷兰克鲁恩市政府表示，许可证已经颁发且与数据中心耗水量无关。此外，市民抗议时称，高达 66 000 万欧元政府补贴支持的巨型 Vattenfall 风电场完全可为家庭供电，但实际上其能源将全部为超大规模数据中心所使用。[3] 微软发言人回应道，“对我们来说，对话是开发数据中心的重要先决条件，数据中心不仅服务于所有在私人和工作生活中使用技术的人的利益，也服务于地方政府、居民和组织的利益。”[4] 值得注意的是，微软首席技术官罗布·埃尔辛加（Rob Elsinga）关注数据中心与垦地景观的融合问题，微软公司听取了对现有建筑群景观融合的批评意见，承诺会制定景观整合计划。于是，微软与当地景观设计师团队合作，利用仿生学、生态学，根据当地生态系统，通过在数据中心附近栽培植被，使之遮挡建筑设施并与生态景观和谐融合。2022 年 3 月，该团队以每天 75 平方米的速度开发景观，并优先选择较为显眼的数据中心进行景观建设。[5]

尽管遭到各方抗议，微软在维灵厄梅尔的数据中心建设并未止步。2023 年 12 月，拯救维灵厄梅尔组织向国务委员会提出上诉，希望以此阻止微软关于建立第三个数据中心的申请。因为向国务委员会提出上诉的准备时间很长，所以目前拯救维灵厄梅尔组织正处于准备和等待状态。[6]

3. 争论

在拯救维灵厄梅尔组织的抗议与上诉中，其并非意在反对数据中心，而是对大型数据中心为当地带来的负面效应表达不满与抗议。拯救维灵厄梅尔组织的不满首先表现在反对将当地优良肥沃的农业用地用于包括数据中心在内的其他任何行业，因为这是对农田的浪费与景观的破坏。而且由于微软所建数据中心规模巨大，这些大型数据中心的建设运行必会消耗当地大量的能源资源，消耗的能量最终转化为热量排放于空气中，会直接导致大气变暖。总的来看，荷兰并不需要更多的数据中心，与数据使用相比，数据中心的产能已经过剩。毕竟，根据 Buck IC 于 2021 年 6 月 26 日向经济部长提供的一项调查可知，荷兰数据中心总容量的 25%—35% 被用于荷兰，剩余容量将用于其他国家。例如，根据微软提供的信息，微软在奥格利珀特（Agriport）现有数据中心的容量空间将被仅用于欧洲、中东和非洲，这有悖于微软宣称的服务宗旨。[7]

针对拯救维灵厄梅尔组织的上述抗议，微软在圩田景观的维护方面采取积极的解决方案，种植当地植物，打造有弹性的生态系统，使数据中心适应当地生态环境。然而，针对能源资源滥用的抗议，荷兰数据中心协会（Dutch Data Center Association）总经理斯蒂恩·格罗夫（Stijn Grove）辩道，这些质疑其实是多虑且站不住脚的，因为使用能源资源的不是数据中心，而是那些借助数据中心、应用人工智能，以及网上冲浪的人。“抱怨数据中心，实际上是在抱怨电子邮件、互联网和云的使用”。人们在抱怨数据中心的同时也在应用着数据中心。格罗夫引用了国际能源署公布的数据，该数据显示，尽管该行业蓬勃发展，但数据中心的能源使用在过去十年中一直保持稳定。格罗夫进一步指出，“荷兰数据中心的能源使用占 0.32%，这是非常少的”。荷兰乌得勒支大学（Utrecht University）能源转型监管与治理助理教授萨内·阿克布姆（Sanne Akerboom）也认为，数据中心通常建在风电场附近，“因此，人们很容易认为它使用了大量或大部分电力，但实际上数据中心的数量还没有多到将电力全部消耗”。不过，她赞同当地居民关于荷兰未从数据中心行业中获得太多福利和回报的观点，因为荷兰一直支持为高需求客户降低能源价格，以增强投资吸引力，这种政策激励着公司建设运行大型数据中心。结果是，这些大型数据中心并没有真正为建立可再生能源基础设施付费，而是“基本上占据了所有的利润”。[8]

围绕微软在维灵厄梅尔所建的数据中心，拯救维灵厄梅尔组织及时发布社论并提起诉讼，试图阻止数据中心的不断扩建。而随着微软数据中心在当地的运营，相关话题与争论始终不断。

4. 案例分析

4.1 民众愿景中的生态美学热望

从美学的视角审视微软在维灵厄梅尔建设数据中心的生态意蕴，拯救维灵厄梅尔组织“更关注生态环境对于人类生活本身的诗意价值和审美意义”[9]。维灵厄梅尔本处农村地区尚未遭开发污染时，居民诗意自由地栖居于此，与当地原始自然和谐相惜。微软对维灵厄梅尔的开发打破了这种宁静，并进一步损害了当地的生态利益。数据中心建设运营对当地生态的影响首先体现在对自然景观的侵蚀，维灵厄梅尔原本拥有750—1 000公顷的肥沃农田，而现在广袤开阔的圩田景观已经消失，取而代之的是温室、公司和数据中心等建筑景观。这些开发项目大量使用当地能源资源，能源消耗最终以余热形式排放，导致极大的“碳足迹”。此外，数据中心用以冷却的水中含有防腐剂和抗微生物清洁剂，残余物通过循环进入地表水，带来一定程度的污染。巨型建筑物的存在也使维灵厄梅尔夜景发生变化，除建筑幕墙的光污染反射外，数据中心用灯光持续照亮整个站点进行监控，从而阻碍了人们仰望星空。

面对数据中心对农业景观的破坏，拯救维灵厄梅尔组织代表当地居民提出诉求，要求停止数据中心的扩建，美化现有数据中心，将必要的开发项目整合到景观中，使其不对景观欣赏造成干扰。微软在收到民众的反馈意见后，研究当地的土壤状况、生物多样性、水和空气质量、社区农业实践等自然生态情况，按计划、分批次、因地制宜围绕数据中心种植树木、地被植物等。微软仿生学总监凯特琳·楚兹（Kaitlin Chuzi）强调，"这个项目不仅是种植植物的简单活动，更关乎向自然学习以找到数据中心适应自然环境的方法。我们希望我们选择种植的本地植物将演变成一个健康且有弹性的生态系统，支持生物多样性、改善雨水控制、防止侵蚀，同时体现北荷兰的自然美景"[5]。从自然界中寻找、模仿解决方案和设计灵感，打造生态景观，可以使人的生存居住环境与当地自然环境相融汇、相协调，使人亲身体验和感受生态之美。

4.2 多元主体间的价值利益冲突

微软跨国进行数据中心选址及建设，其间涉及民众、企业、国家等多元主体及其利益关系，因而可从生态伦理视角了解分析各方的利益及冲突。"尽管生态伦理在表面上调整的是人与自然的关系，但本质上还是调整多元主体的利益关系"[10]，从这一视角分析有助于深入理解拯救维灵厄梅尔组织对微软数据中心提出的抗议。

从个人主体角度来看，就当地民众与外国员工而言，数据中心首先破坏了维灵厄梅尔当地民众的生态利益。由于大型数据中心对当地圩田景观的破坏，民众强烈反对数据中心的扩建，坚决维护生态系统。从另一个角度来看，数据中心创造了就业机会，不过这些就业机会涉及简单工作，吸引了成千上万的外国工人，同当地民众形成就业竞争。从具体的数据来看，数据中心在工业区每公顷提供的工作岗位（约 5.5 个）少于荷兰工业用地的平均就业率（约

7.5 个)[7]，因而从根本上而言并未创造新的就业机会。相反，外国员工的住房问题成为当地主要问题。这些工人的住房需求呈爆炸式增长，尽管工业区建造了工人旅馆，常规工业区翻新了各种商业场所，住房仍然严重短缺。另外，农村地区的房子被买下后被高价出租给外国工人，所以对外国员工来说几乎没有好的住房选择，对当地民众而言也无益处，由于这些房屋不再可供常规市场使用，那些希望继续住在圩田的民众也遇到了住房麻烦。若数据中心进一步扩建，极有可能加重住房短缺的现实，且由于数据中心并未实质性带来新的就业机会，因而当地民众与外国员工的社会权益都有所损害。

从地区国家角度来看，就维灵厄梅尔与荷兰而言，数据中心滥用可再生能源，对当地可持续性发展构成挑战。数据中心以远低于市场的价格大量购买荷兰的可再生能源，例如仅从荷兰最大发电厂 Vattenfall 就获取了其一半的能源产量，如此便利的能源条件使得数据中心拒绝花费成本自己生产绿色能源。奥格利珀特区域目前占地已超 750 公顷，微软在该区的面积已同阿尔克马尔这样的中型城市一样大，拯救维灵厄梅尔组织提出抗议，认为不需要更多的数据中心。[7] 数据中心在荷兰不断扩建并攫取资源，却仅将其数据中心容量空间的小部分用于荷兰数据，大部分空间则为其他国家的数据所用。荷兰在数据中心建设与运营中生产与分配不平衡，就国家利益意义而言是对公正的损害。

4.3　决策程序中的生态伦理缺失

关于微软数据中心建设扩建的决策，极大影响着维灵厄梅尔的自然生态环境状况。在市政府或省政府是否有权授予数据中心许可证的问题上，实际上一直存在争议，但微软可以接连获取许可证，其正当性存疑。市政行政部门没有充分考虑民众利益，且没有全面评估建设新数据中心的影响，“忽视了环境承受力，最终导致了经济发展产生的环境压力与环境实际承受力失去平衡和协调”[11]。维灵厄梅尔允许建设大型数据中心的决策缺失生态伦理意识，无视当地民众对圩田景观的诉求，违背自然规律，在该地区有限的能源资源条件下无序扩建大型数据中心。环境利益就其实质而言是一种公共利益，因而，决策者在制定决策时应将各方态度考量在内。

除决策问题外，相关程序也存在着非正当性、非透明性的问题。拯救维灵厄梅尔组织认为，市政行政部门在与议会的沟通方面严重失败，并且无视对维灵厄梅尔地区计划草案的明确拒绝，从而违背民众意愿，在没有更广泛社会讨论的情况下批准了数据中心的建设。[12] 荷兰地方议员拉尔斯·鲁伊特（Lars Ruiter）针对维灵厄梅尔是否应成为数据中心城市而公开发文，在就当地数据中心发展的保密性发生争执后，鲁伊特被政党组织开除。现在，鲁伊特是一个独立政党的议员，他并不反对数据中心，但反对谈判的方式。“政府需要对此更加透明……他们需要询问居住在数据中心周围的人，他们对此有何看法以及他们想要什么”。[8] 市政行政部门没有以任何方式与当地居民、周边市政当局、相关利益者就此进行沟通，不利于科学化、民主化的绿色决策制定，最终导致收益集中在少数人身上，成本却由公众分担。

5. 讨论

微软在维灵厄梅尔的数据中心计划，如同一块磁铁不断吸走当地绿色资源，打破生态系统平衡，民众于阵阵抗议中表达着保护圩田的愿景。拯救维灵厄梅尔组织等荷兰公民团体的兴起正引起人们对人工智能等数据技术的环境影响的关注，虽然大型科技公司对外张贴“绿色”标签，但其实际活动通常具有极高的环境成本。在经济利益的迷失中，数据中心选址地点通常选择创造便利条件以引进大型数据中心，甚至不惜破坏人民利益，民众提出反对之声在所难免。除了节约能源资源，维灵厄梅尔居民进一步将环保理念扩展至对绿色景观的审美高度，追求对自然环境及其要素的综合平衡协调。就此而言，我们在研究科学技术带来的生态影响时，要从自然与人文的双层意蕴进行考察。

参考文献

［1］《瑞典 Vattenfal 公司为微软公司在荷兰的数据中心提供风电》，载 http://www.sgcio.com/jyxxhlw/36198.html，2024 年 1 月 16 日访问。

［2］Datacenter Forum, *Microsoft Ignoring Local Legislation Amidst Growing Opposition to New Data Centers*, Datacenter Forum (Nov. 25, 2020), https://www.datacenter-forum.com/ datacenter-forum/microsoft-ignoring-local-legislation-amidst-growing-opposition-to-new-data-centers.

［3］Sebastian Moss, *Hollands Kroon Grants Environmental Permit for Second Microsoft Data Center*, Datacenter Dynamics (Jan. 13, 2021),［EB/OL］, https://www.datacenterdynamics.com/en/news/hollands-kroon-grants-environmental-permit-second-microsoft-data-center/.

［4］Dan Swinhoe, *Farmers' Group Files Appeal Against Microsoft's Dutch Data Center Permit*, Datacenter Dynamics (Feb. 22, 2021), https://direct.datacenterdynamics.com/en/news/farmers-group-files-appeal-against-microsofts-dutch-data-center-permit/.

［5］《用生物模仿法将数据中心融入维林格尔梅尔的大自然中》，载 https://local.microsoft.com/zh/blog/datacenters-inpassen-in-de-wieringermeer/，2023 年 12 月 23 日访问。

［6］*Rechtzaak inzake bouw datacenter op het Venster te Haarlem*, Red De Wieringermeer (Dec. 28, 2023), https://reddewieringermeer.nl/Home/.

［7］*"Red de Wieringermeer" is nu Stichting Red de Wieringermeer*, Red De Wieringermeer (Oct. 29, 2021), https://reddewieringermeer.nl/Home/.

[8] Morgan Meaker, *Facebook's Data Center Plans Rile Residents in the Netherlands*, WIRED (Jan. 7, 2022), https://www.wired.com/story/facebook-dutch-data-center/.

[9] 章海荣:《生态伦理与生态美学》，复旦大学出版社 2006 年版，第 350 页。

[10] 廖小平、孙欢:《国家治理与生态伦理》，湖南大学出版社 2018 年版，第 23 页。

[11] 魏晓笛、王丕君:《明智的选择：生态环境与生态伦理研究》，研究出版社 2008 年版，第 43 页。

[12] Redactie, *Werkgroep Red de Wieringermeer Stuurt Brandbrief Naar*, Medemblik Medemblik (Dec. 27, 2020), https://www.medemblikactueel.nl/2020/12/17/werkgroep-red-de-wieringermeer-stuurt-brandbrief-naar-gemeenteraad-medemblik/.

——— 第四章

算法歧视的伦理争议

案例 4.1 “矫正罪犯替代惩罚画像管理”(COMPAS)的算法歧视争议 *

1. 引言

算法是人工智能决策的基础，通过内置的排序、分类、关联、过滤等规则与程序，处理采集到的海量数据并进行决策。[1] 但算法决策由于存在数据差异和技术设计缺陷，很可能引发歧视行为，进而导致结果输出的不合理或不公正。

在法律体系中，歧视通常指基于某种受保护特征（protected traits）[2]，如性别、年龄、出身、种族、信仰、财产等，对特定群体的不公正对待。我们应通过制定某项法律或政策为被歧视者受到的不合比例损害提供保护。

算法歧视的本质就是算法对涉及对象的区别对待，比如在就业、司法、保险、外卖和社会治理等领域，算法会引发种族、性别、年龄等歧视行为。算法歧视是智能时代新的社会不平等现象，例如刑事裁判算法“矫正罪犯替代惩罚画像管理”(COMPAS)引发的歧视黑人的争议、微软聊天机器人 Tay 发表种族歧视言论、脸书广告投放性别歧视等。算法歧视已经成为当前讨论的热点问题。

---

* 本文作者为吕宇静，作者单位为同济大学人文学院。

2. 事件经过与争论

2016年，美国媒体ProPublica发表文章《机器偏见》(*Machine Bias*)，披露了刑事裁判算法COMPAS歧视黑人。COMPAS对犯罪嫌疑人进行风险评估，协助法官作出保释裁定（即是否在审判前释放犯罪嫌疑人）。该算法常常将不是重犯的黑人标示为高危险，而将是重犯的白人标示为低危险。开发该算法的企业回应称，在每个特定风险层级都有大概同等比例的白人和黑人犯罪嫌疑人。[3]

通常假正例率指标表示误判率，反映的是罪犯原本不会再犯但是被算法错误地预测为会再犯的概率。假负例率表示漏判率，表示罪犯原本会再犯但是被算法错误地归类为不会再犯的概率。根据COMPAS的预测结果显示，假正例率在白人身上是23.5%，而在黑人身上是44.9%，白人身上的假负例率是47.7%，黑人身上则是28.0%。白人的漏判率比黑人高70%，这意味着算法错误地认为白人比黑人更不容易再犯罪。从假正例率与假负例率这两个指标可以反映出：内在于COMPAS软件中的算法给了白人罪犯更高的容忍度，所以ProPublica认为COMPAS存在种族歧视。[4]

紧接着，COMPAS的开发商Northpointe对ProPublica基于布劳沃德郡样本的数据结果重新展开分析，指出ProPublica的分析存在诸多技术漏洞，并强调COMPAS并不存在种族歧视。Northpointe承认COMPAS中的算法不满足相等的假正例率和假负例率，但是从校准度标准来看，黑人的正例预测值（positive prediction value, PPV）为63%，白人的为59%，二者近乎相等，正例预测值反映的是被预测为会再犯的罪犯事实上再犯的概率水平；黑人的负例预测值（negative prediction value, NPV）为65%，白人的71%，也接近相等的，负例预测值反映的是被预测为不再犯的罪犯事实上也不再犯的概率水平。[5]

显而易见，双方论争的实质是它们预设了对“算法公平标准”的不同理解。ProPublica 批评 COMPAS 软件的算法存在种族歧视，因为在黑人与白人群体中存在迥然不同的假负例率和假正例率，可见 ProPublica 持有的这种公平标准是假正例率、假负例率上的平等。如果说 COMPAS 给出的风险评分是在证据意义上被法官使用的，那么不同的风险评分或假正例率 / 假负例率意味着不同的证据价值，这就违背“法律面前人人平等”的原则。而 Northpointe 回应称 COMPAS 软件不存在算法歧视，因为黑人罪犯和白人罪犯都被 COMPAS 预测为高风险，并且事实上他们再犯的水平是十分接近的。[6]

3. 案例分析与讨论

3.1　算法歧视的原因及表现

3.1.1　算法歧视产生的原因

（1）数据来源与数据缺陷

由于算法依据海量数据进行编码处理和结果输出，因此数据的来源对算法结果有很大影响。

一方面，基于智能平台用户及领域的复杂多样，其产生和训练的数据日趋多变。然而，大量的数据并不能保证算法结果的准确性，仅当个体数据被感知、采集，并聚合为巨大体量的数据集时，方能产出与之匹配的巨大价值。[7] 如果数据本身质量存疑，那算法输出的结果可能并不具备精准性。

另一方面，数据本身存在缺陷。如果在训练数据或者输入样本时出现失误，继而导致的数据瑕疵将会越来越多。由于缺乏自我纠错机制，算法会通过循环往复的反馈来提升自身性能[8]，因此错误会被不断循环固化，而错误的泛化将是引发歧视的重要因素。

有分析指出，COMPAS 算法的数据库中拥有更全面的白人资料，儿童受虐风险评估算法数据库中则只存储了大量监护人使用公共服务项目的信息。[9] 算法桎梏于人类思维，由固有的程序基因和数据环境共同培养。[10] 如果在本身存在瑕疵的数据基础上进行算法分析，那产生的算法结果很大程度上也会出现问题。

（2）透明性问题与算法黑箱

黑箱（Black Box）被控制论领域用来表示任何一部过于复杂的机器或者任何一组过于复杂的指令。算法黑箱指电子信息工程领域中机器在数据汇总和深度学习时，其复杂的神经元网络中存在的不为人所直观捕捉到的隐层；算法黑箱的威胁纵贯数据采集、算法运行、社会服务应用三个层面。[11] 算法黑箱呈现不可解释化、不透明化、操作后台化特性。

COMPAS 的研发公司 Nortpointe 将该系统视为商业秘密进行保护，仅将评估结果公之于众，缺乏具体的评估过程记录，这种不透明的处理很容易引发社会对其输出结果的质疑。

3.1.2　算法歧视的表现

（1）种族歧视

智能时代，算法引发的种族歧视问题频发。麻省理工学院的一项研究表明："当使用各种人脸识别算法来识别性别时，算法将肤色较深的女性误分类为男性的比例为 34.7%，而对肤色较浅的女性的分类最大错误率不到 1%。"[12] 被嵌入种族歧视代码的算法在人工智能技术包装下更易大行其道，在算法黑箱的遮掩下不为人察觉。

应用 COMPAS 算法进行犯罪风险评估的结果显示，在相同的犯罪行为下，黑人被错误标记为具有高犯罪风险的概率近乎白人的两倍，以致该算法在较大程度上被认为存在种族歧视。有学者指出该智能测评工具可能依赖于有缺陷的数据库，其造成的后果可能会掩盖社会中的公然歧视。[13]

（2）性别歧视

算法引发的性别歧视是现实世界的偏见在互联网中的延伸。经由现实世界的人们使用过的数据，在智能生成的环境下会不断对结果进行循环强化，导致歧视范围和程度的扩大。“算法的核心是模仿人类决策，换言之，算法不是中立的”。[14]基于社会中的性别偏见和歧视，进而训练出的数据，必然呈现与之相似的属性。

（3）年龄歧视

年龄歧视指根据年龄差别对人的能力地位作出负面的价值判断，进而使其遭受不公平对待。[15]现实生活中，文化差异或者自身偏见等因素导致的年龄歧视比比皆是。加之当前智能设备普及，数据的使用已经成为实践中的必需元素。如果平台或企业等主体收集到的数据中包含潜在的年龄歧视，则依托这些海量数据基础的算法决策，可能导致多种不公平现象的出现。[16]算法设计中融入数据集里的年龄偏见或刻板印象[17]，继而输出带有年龄歧视的结果，且将这种歧视投射到实践，就是常见的算法年龄歧视。

算法引发的年龄歧视体现在就业等与生活息息相关的领域。大数据通过就业者个人信息诸如兴趣、性格等，运用算法对其进行筛选和评估。从表面上看，这是面向大众的一种无差别化操作，但由于原始算法规则的设置及分类标签的处理，算法年龄歧视在数据处理之初就已经被嵌入平台或者程序中。比如在网络招聘投放简历过程中，部分雇主会根据年龄设置智能筛选，导致很多应聘者遭遇潜在的歧视。

老年人等弱势群体在算法世界面临的歧视问题非常突出。由于算法黑箱的存在，人们并不会直观表现出对老年群体的歧视。但如果老年人歧视问题无法得到及时解决，长此以往很可能引发该群体的反抗，不利于社会安定。

3.2 算法歧视的治理路径

3.2.1 完善算法立法，加强算法监管

完善算法立法，加强对算法的制度化监管，是降低算法歧视风险的必要路径。

一方面，算法技术带来的风险层出不穷，人工智能法治体系建设亟待完善，应制定行之有效的风险评估机制，保障人工智能产业的有序健康发展。另一方面，依据风险评估对人工智能系统进行分类分级监管，促进人工智能安全性、公平性的提高和持续性发展。针对算法技术，我们不仅可以将其法律规制置于国家层面的人工智能法律框架下，还可以针对算法技术制定单独的监管机制，从算法技术运行的实践角度进行监管。例如，为了防止人为设定算法黑箱情形的发生，可增强生成式人工智能（Artificial Intelligence Generated Content, AIGC）行政决策方案应用算法的透明性。政府部门可出台相关政策文件，要求将算法过程公之于众，让公众了解算法的生成、计算等过程。[18] 亦有学者提出，可建立场景化的算法透明规则，对各种场景下的不同算法进行类型化梳理。[19]

3.2.2 推进算法伦理规范，防范算法歧视风险

治理算法歧视，可考虑将算法透明度、公平性作为重要伦理准则，并将伦理规范嵌入算法系统，逐渐扩大伦理规范对技术相关者的价值判断影响力。比如可以将至善目标植入算法技术设计以形成道德算法，抑或对算法进行祛魅，植入以人类中心、公平正义为代

表的伦理指标。[20] 规制算法歧视，最本原的是“将追求效率的数字技术拉回到伦理场域”，让公共价值掌舵算法发展。[21] 在算法设计之初设立规范，可从源头上降低算法歧视的风险。

此外，可考虑建立算法从业人员的伦理规范。算法歧视的发生与数据有关，数据采集、训练和从业人员的价值规范密不可分。因此，要求算法从业人员遵守基本的伦理规范，诸如公平、责任、包容等，可有效减少算法歧视情况。

3.2.3　加强算法技术研发，以技术治理算法歧视

推进算法的技术提升，以技术创新破解算法歧视问题，提升算法治理能力。例如，微软程序员亚当·凯莱（Adam Kalai）与波士顿大学的科学家合作研究出“词向量”技术，以瓦解算法性别歧视问题。加利福尼亚大学伯克利分校和马克斯普朗克信息学研究所提出能够自我解释的算法系统“指向和对齐”，有助于人类理解机器决策过程。脸书发布了自主研发的偏见检测工具公平流（Fairness Flow），该工具会自动警告某种算法是否根据检测目标的种族、性别或者年龄，作出不公平的判断。[22] 算法的优化和改进需要多方协同参与，加快技术研发是治理算法歧视的必要路径。

参考文献

[1] See Cath C., Wachter S., Mittelstadt B., et al., *Artificial Intelligence and the "Good Society": the US, EU, and UK Approach*, Journal of Science and Engineering Ethics 24, 505–528 (2018).

[2] 参见［英］鲍勃·赫普尔：《平等法》（第2版），李满奎译，法律出版社2020年版，第59—114页。

[3] 参见［英］瑞恩·艾伯特：《理性机器人：人工智能未来法治图景》，张金平、周睿隽译，上海人民出版社2021年版，第183页。

[4] See Julia Angwin, Jeff Larson, Surya Mattu and Lauren Kirchner, *Machine Bias: There's Software Used Across the Country to Predict Future Criminals and*

It's Biased Against Blacks, https://www.propublica.org/article/machine-bias-risk-assessments-in-criminal-sentencing, Dec. 12, 2023.

[5] See William Dieterich, Christina Mendoza, and Tim Bren-nan, *Compas Risk Scales: Demonstrating Accuracy Equity and Predictive Parity*, https://njoselson.github.io/pdfs/ProPub-lica_Commentary_Final_070616.pdf, Dec. 12, 2023.

[6] 参见陈杰:《宪法平等框架内的算法公平标准与价值权衡问题——兼论COMPAS算法公平争议的启示》,载《浙江社会科学》2023年第7期。

[7] 参见李成:《人工智能歧视的法律治理》,载《中国法学》2021年第2期。

[8] 参见[英]凯伦·杨,马丁·洛奇:《驯服算法》,林少伟、唐林垚译,上海人民出版社2020年版,第28页。

[9] See Eubanks V., *Automating Inequality: How High-Tech Tools Profile, Police, and Punish the Poor*, New York: St. Martin's Press, 122 (2018).

[10] 参见[美]卢克·多梅尔:《算法时代》,胡小锐、钟毅译,中信出版社2016年版,第29页。

[11] 参见吴椒军、郭婉儿:《人工智能时代算法黑箱的法治化治理》,载《科技与法律(中英文)》2021年第1期。

[12] See Buolamwini J., Gebru T., *Gender Shades: Intersectional Accuracy Disparities in Commercial Gender Classification*, Journal of Proceedings of Machine Learning Research 81, 1–15 (2018).

[13] 参见张炜羿:《刑事司法人工智能的信任困境及其纾解——基于对主观程序正义的思考》,载《湖北工业职业技术学院学报》2023年第5期。

[14] See Mann G., O'neil C., *Hiring Algorithms are not Neutral*, https://hbr.org/2016/12/hiring-algorithms-are-not-neutral, Dec. 13, 2023.

[15] 参见姜向群:《年龄歧视与老年人虐待问题研究》,中国人民大学出版社2010年版,第6页。

[16] 参见曹博:《算法歧视的类型界分与规制范式重构》,载《现代法学》2021年第4期。

[17] See Stypinska J., *AI Ageism: A Critical Roadmap for Studying Age Discrimination and Exclusion in Digitalized Societies*, Journal of AI & Society 38, 665–677 (2023).

[18] 参见房娇娇、高天书:《生成式人工智能辅助行政决策的算法危机及其治理路径》,载《湖湘论坛》2024年第1期。

[19] 参见江溯:《自动化决策、刑事司法与算法规制——由卢米斯案引发的思考》,载《东方法学》2020年第3期。

[20] 参见徐洁、燕颖川:《算法年龄歧视的现实挑战与规制路径》,载《学术交流》2023年第7期。

［21］参见刘育猛：《数字包容视域下的老年人数字鸿沟协同治理：智慧实践与实践智慧》，载《湖湘论坛》2022 年第 3 期。

［22］参见汪怀君、汝绪华：《人工智能算法歧视及其治理》，载《科学技术哲学研究》2020 年第 2 期。

案例 4.2　携程钻石客户遭大数据“杀熟”，订购酒店价格比普通客户高近两倍 *

1. 引言

数字经济的快速发展已然成为大势，互联网消费平台的使用已经普遍化。这些消费平台为人们提供衣食住行便利的同时，也带来新的潜在技术风险，比如算法价格歧视，也即大数据“杀熟”。作为数字经济背景下诞生的新现象，大数据“杀熟”是商家借助大数据工具，分析顾客的收入水平、个人偏好及消费习惯等特征信息，以差异化价格将同一商品或服务售卖给支付意愿不同的顾客，进而最大化攫取顾客价值剩余的一种价格歧视行为。[1]

价格歧视原是经济学领域的中性词语，意指同一公司销售的类似产品价格出现非成本因素的变化。[2] 价格歧视一般分为三种：一级价格歧视，即依据每一位消费者支付意愿不同设定价格；二级价格歧视，即依据不同购买量设定价格；三级价格歧视，即根据消费者群体分类分别定价。[3]

基于购买行为的价格歧视（Behavior-based Price Discrimination，以下简称 BBPD）是比较常见的价格歧视手段，指企业利用信息技术记录消费者购买行为，据此将消费者区分为新顾客与老顾客，再

---

* 本文作者为吕宇静，作者单位为同济大学人文学院。

对新老顾客制定不同价格。[4]这种价格歧视属于三级价格歧视。如今互联网经济的发展，促使这种价格歧视越来越普遍，即平台对老顾客收取更高价格、对新顾客给予优惠的“杀熟”行为。[5]

数字经济时代，大数据“杀熟”是互联网平台获利的重要渠道，随着大数据及算法技术的应用，大数据“杀熟”辅助平台的盈利效能将会日益提升。

2. 事件经过与争论

同样是预定豪华湖景大床房，本应享受8.5折优惠价的钻石VIP，费用居然比别的旅客贵一倍？遭遇大数据“杀熟”的消费者把商家告上法庭。近日，浙江省绍兴市柯桥区人民法院开庭审理了胡女士诉上海携程商务有限公司侵权纠纷一案。

法院经审理查明，胡女士一直都通过携程App来预订机票、酒店，因此，是平台上享受8.5折优惠价的钻石贵宾客户。2020年7月，胡女士像往常一样，通过携程App订购了舟山希尔顿酒店的一间豪华湖景大床房，支付价款2 889元。然而，离开酒店时，胡女士偶然发现酒店的实际挂牌价仅为1 377.63元。胡女士不仅没有享受到星级客户应当享受的优惠，反而多支付了一倍的房价。胡女士与携程沟通，携程以其系平台方，并非涉案订单的合同相对方为由，仅退还了部分差价。胡女士以上海携程商务有限公司采集其个人非必要信息并进行大数据“杀熟”为由诉至法院，要求退一赔三，并要求携程App为其增加不同意“服务协议”和“隐私政策”时仍可继续使用的选项，以避免被告采集其个人信息，掌握原告数据。

柯桥区法院审理后认为，携程App作为中介平台未向消费者履行有关商品实际价值的如实报告义务。携程向原告承诺钻石贵宾享有优惠价，却无价格监管措施，向原告展现了一个溢价 100% 的失实价格。而且，携程在处理原告投诉时告知原告无法退全部差价的理由，经调查也与事实不符，存在欺骗。故法院认定被告存在虚假宣传、价格欺诈和欺骗行为，支持原告退一赔三。

新下载携程 App 后，用户必须点击同意携程“服务协议”“隐私政策”方能使用，如不同意，将直接退出携程 App，携程以拒绝提供服务形成对用户的强制。此外，携程 App 的“服务协议”“隐私政策”均要求用户特别授权携程及其关联公司、业务合作伙伴共享用户的注册信息、交易、支付数据，并允许携程及其关联公司、业务合作伙伴对用户信息进行数据分析，且对分析结果进一步作商业利用。

携程 App 的“隐私政策”还要求用户授权携程自动收集用户的个人信息，包括日志信息、设备信息、软件信息、位置信息，要求用户许可其使用用户信息进行营销活动、形成个性化推荐，同时要求用户同意携程将用户的订单数据进行分析，从而形成用户画像，以便携程能够了解用户偏好。

上述信息超越了形成订单必需的要素信息，属于非必要信息，其中用户信息被分享给被告可随意界定的关联公司、业务合作伙伴来进行进一步商业利用更是既无必要性，又无限加重用户个人信息使用风险。原告据此不同意被告现有的“服务协议”和“隐私政策”合乎情理，应予支持。

据此，法院当庭作出宣判，判决被告上海携程商务有限公司赔偿原告胡女士投诉后携程未完全赔付的差价 243.37 元及订房差价 1 511.37 元的三倍支付赔偿金，共计 4 777.48 元，且被告应在其运营的携程旅行 App 中为原告增加不同意其现有“服务协议”和“隐私政策”仍可继续使用的选项，或者为原告修订携程旅行 App 的“服务协议”和“隐私政策”，去除对用户非必要信息采集和使用的相关内容，修订版本需经法院审定同意。

法官提醒，日常生活中，很多商业 App 在用户下载使用时，要求用户概括性地同意其所谓的“服务协议”和相关的“隐私政策”，而其中有部分条款是不必要的、损害用户利益的，但为了继续使用，用户只能同意授权。这就违反了《民法典》中规定的对个人信息处理的合法性、正当性和必要性原则。

App“不全面授权就不给用”、“大数据杀熟”等问题是当今社会值得关心、关注的问题。本案对 App“不全面授权就不给用”说不，杜绝概括性要求用户授权的行为，更好地保护了公民的个人信息。[6] 这在一定程度上降低了用户个人信息滥用的风险。

3. 案例分析与讨论

3.1 大数据“杀熟”的本质及侵权表现

3.1.1 大数据“杀熟”的本质

首先，大数据“杀熟”是一种高价格歧视。平台呈现给顾客高于正常明码标价的价格，是大数据“杀熟”的表现形式。平台首先抬高正常的明码标价，继而给“熟客”较少的折扣，给“新客”较多的折扣，实行了依据不同群体的购买行为进行定价的操作。不过，高价在大数据“杀熟”中还难以界定，根据不同主体的感受和平台行业的标准，至今难以形成统一的判定。因此，高价也成为大数据“杀熟”治理的难点。

其次，大数据“杀熟”于顾客而言是一种不公正待遇。顾客在受到欺骗的情况下产生购买行为，该行为与顾客是否为“熟客”无直接关联。对平台而言，大数据“杀熟”依托算法处理，任何消费者都可以成为被“杀熟”的对象。在顾客没有充分知情的基础上，平台隐瞒相关价格信息，使消费者并不知晓其消费被差别定价，从而在无形之中被平台“杀熟”。

最后，市场势力是价格歧视的必要条件，数字经济下的平台企业在资本力量、数据优势和规模经济的加持下，借助数据、流量和算法等杠杆撬动众多细分市场的份额，商业疆界不断扩展，并以平台为主体、数据为核心、算法为行为，演变出新的平台力量。[7]

3.1.2 获取用户信息，侵犯消费者隐私权

《民法典》第111条明确规定：“自然人的个人信息受法律保护。任何组织或者个人需要获取他人个人信息的，应当依法取得并确保信息安全，不得非法收集、使用、加工、传输他人个人信息，不得非法买卖、提供或者公开他人个人信息。”

但在数字时代，消费者在各互联网平台留下的访问记录都以代码的形式被平台收集，平台利用算法技术对消费者的数据进行处理。进而，互联网平台企业运用定价算法，在其智能处理、深度学习后凭借已有的数据信息判断未来的价格情况，预测消费者的最大支付意愿，生成消费者用户画像[8]，从而对分析结果进行进一步商业利用。

这些数据信息作为用户的隐私，大多是用户在不完全知晓情况下签订协议后交由平台的。本案例中，用户必须点击同意携程的“服务协议”“隐私政策”方能使用该App，但“服务协议”和“隐私政策”中部分条款是非必要且侵犯用户隐私的，不同意条款就不能正常使用该平台，这其实违反了《民法典》规定的有关个人信息处理的合法性、正当性和必要性原则。

3.1.3 呈现价格歧视，侵犯消费者公平交易权

如前所述，数字经济的发展会产生算法价格歧视，互联网平台利用算法定价，并针对同一商品向不同消费者提供价格各异的推

送，从而产生价格歧视。

《中华人民共和国消费者权益保护法》(以下简称《消费者权益保护法》) 第 10 条规定消费者享有“质量保障、价格合理、计量正确等公平交易条件”受保护的权利。携程等平台大数据“杀熟”的价格歧视操作违反同一商品的公平交易的要求。尽管《消费者权益保护法》没有明确指出必须针对同一商品的不同受众进行同一定价，但是这种差别定价的方式对顾客而言存在欺诈。

案例中携程平台抬高正常的标价，继而给钻石用户等“熟客”较少的折扣。这种依据不同群体的购买行为进行定价的操作导致用户权益受损、消费体验感大打折扣。

3.2　大数据“杀熟”的原因分析

3.2.1　算法黑箱引发的信息失衡

大数据和算法的结合引发买卖双方信息不对称。大数据记录和追踪消费者的上网痕迹，利用算法技术测算消费者的消费行为并进行算法推荐，为消费者提供差异化的价格。不论是支付意愿偏低的冷静消费者，还是对品牌无感的中立消费者，抑或是议价能力较强的成熟消费者，算法定价技术均能精准地识别和把控。[9] 这种操作对消费者而言是隐蔽的，消费者并不清楚算法技术的操作过程，甚至不清楚自身留存在网络上的数据是如何被平台进一步使用的。平台算法黑箱引发交易双方新一轮的信息失衡[10]，其利用信息的不透明性制定差异化价格，最大化攫取消费者价值剩余，引发消费者权益保护的困难。[11]

3.2.2　传统法律规范不到位

我国目前有一些规范市场和保护消费者权益的法律，但面对大数据“杀熟”等数字经济时代的新境况时，依然存在干预难题。

《中华人民共和国价格法》(以下简称《价格法》)是规制经营者价格行为的专门法，但是从具体情况来看，其对大数据“杀熟”的复杂性存在一些难以界定的情形。根据《价格法》第3条规定，价格的制定需要符合价值规律，除极少数商品和服务的价格实行政府指导价或者政府定价外，应实行市场调节价，即经营者拥有自主定价权。因而，根据现有《价格法》规定，平台通过算法对消费者制定差异化价格不违反市场定价规则。并且，由于平台涉及领域众多、商品繁杂，制定法律法规对所有商品进行价格规范也存在难度。

《消费者权益保护法》提到消费者享受公平交易权利，但是并没有针对公平交易权利进行具体解释，这种模糊性成为消费者针对大数据“杀熟”进行维权时的阻碍。尽管司法实践中公平交易权纠纷存在卖方通过格式条款加重买方责任、排除买方权利的具体情形[12][13]，但大部分公平交易纠纷是通过民法的公平原则进行调整。加之消费者在算法黑箱影响下，对自身公平交易的权益受损并不完全知情，这就导致消费者权益的保护存在理论和实践困境。

《互联网信息服务算法推荐管理规定》第21条规定：“应当保护消费者公平交易的权利，不得根据消费者的偏好、交易习惯等特征，利用算法在交易价格等交易条件上实施不合理的差别待遇等违法行为。”但是该条款提到的不合理等术语并不精准，无法量化。因此针对经营者的差别定价，无法进行针对性处理，单凭商家给熟客高价就认定消费者公平交易权益受损的说服力不足。

《中华人民共和国反垄断法》(以下简称《反垄断法》)总则部分第9条规定：“经营者不得利用数据和算法、技术、资本优势以及平台规则等从事本法禁止的垄断行为。”虽然条文禁止经营者滥用市场支配地位，但是也只是停留在宣示层面，既未规定行为构成，也无设置法律后果。

《禁止滥用市场支配地位行为规定》第14条至第20条规定对《反垄断法》滥用市场支配地位部分作出细化解释，但关于数字平台企业利用“数据、算法、技术、平台规则”实施滥用市场支配地位行为的解释依然是对《反垄断法》第22条规定的简单重复。[14]

可见，立法者对大数据“杀熟”等问题的认知有待深入。目前还未形成面向新技术实践的统一规范的法律条款，现有法律在大数据侵权的具体规制上作用有限。

3.2.3 平台责任意识欠缺

《民法典》第86条规定：“营利法人从事经营活动，应当遵守商业道德，维护交易安全，接受政府和社会的监督，承担社会责任。”但是该规定并未对平台的具体做法进行规范和引导。

各大互联网平台的责任人或经营者，本应担负起一定的社会责任，在追求利润的同时也要具备一定的社会责任感。但根据目前的情况，不仅现有法律的规制作用有限，社会道德感对企业平台的约束力也不足，平台在法律规制和道德约束方面亟待加强。

3.3 大数据“杀熟”的治理路径

3.3.1 提升算法透明度，规范平台数据

互联网平台大数据“杀熟”是算法权力下算法价格歧视的结果。算法技术的隐蔽性和不透明性会加剧消费者权益受损程度。因此，需要加强算法监管、提升算法透明度，平台需适当进行信息披露和算法技术解释，帮助消费者知晓信息背后的技术逻辑，减少算法黑箱引发的信息失衡，最大限度保证数字时代互联网平台的消费者权益。同时，需对平台的算法进行规制，建立适当的问责制度，对平台的操作进行一定的规则约束，促进数据收集、处理和运用的有序化。

3.3.2 完善法律规制，规范平台经营

如前所述，我国目前在互联网经济领域的法律规范还有一定的完善空间，需要加快相关法律修订的进程，为平台经营活动提供更多保障。

政府作为主导者，提供良好的制度环境、积极构建协同治理体系是其职责所在。[15] 应尽快引导相关部门修订和完善《反垄断法》《价格法》《消费者权益保护法》《互联网信息服务算法推荐管理规定》等内容，以适应数字时代多变的市场情况。此外，可加强事前监管，规范市场主体法律行为，以维护市场秩序及防范市场风险。[16] 具体手段包括设立预警性调查机制、建立数据实时监测平台，以及强化平台自身合规审查等。[17]

3.3.3 优化平台监管，加强平台自律

互联网平台具有自主性，可尝试引导平台积极承担相应的治理责任，使平台主动参与监管。平台监管是以平台企业为监管主体，对参与平台价值创造的各类利益相关方予以监管的模式。[18] 平台本身掌握大量的用户数据，对这些数据的产生和处理较为熟悉，同时也能准确发现并处理数据中存在的问题，如果进行一定的规范，平台可以对数据和算法辅以规范处理，提升监管效果。此外，可引导平台实行自我监督，积极履行社会责任，遏制“杀熟”定价的动机，从内在促成互联网市场的健康发展。

政府的监管不可或缺，平台本身作为参与互联网经济的重要力量，如果开展适当的自我规范，则更可以助数字经济市场的有序发展。

参考文献

[1] 参见何佳、高彧、孟涓涓等:《个人信息披露决策院强制收集与挤入效

应》，载《经济研究》2022年第5期。

[2] 参见舒丹云珽：《司法裁判视野下的价格歧视——以188份判决书为考察样本》，载《太原城市职业技术学院学报》2022年第5期。

[3] 参见喻玲：《算法消费者价格歧视反垄断法属性的误读及辨明》，载《法学》2020年第9期。

[4] See Taylor C. R., *Supplier Surfing: Competition and Consumer Behavior in Subscription Markets*, Journal of the Rand Journal of Economics 2, 223–246 (2003).

[5] 参见赵传羽、丁预立、刘中全：《网络外部性与基于购买行为的价格歧视："杀熟"的经济学分析》，载《世界经济》2023年第6期。

[6] 参见余建华：《浙江一女子以携程采集非必要信息"杀熟"诉请退一赔三获支持》，载《人民法院报》2021年7月13日，第4版。

[7] 参见黄尹旭、杨东：《超越传统市场力量：超级平台何以垄断？——社交平台的垄断源泉》，载《社会科学》2021年第9期。

[8] 参见郭江兰：《"大数据杀熟"行为反垄断责任的完善》，载《商业研究》2021年第4期。

[9] 参见郑鹏程、龙森：《公共性视角下平台"大数据杀熟"的规制逻辑与路径》，载《吉首大学学报（社会科学版）》2022年第6期。

[10] 参见谭九生、范晓韵：《算法"黑箱"的成因、风险及其治理》，载《湖南科技大学学报（社会科学版）》2020年第6期。

[11] 参见叶明、郭江兰：《数字经济时代算法价格歧视行为的法律规制》，载《价格月刊》2020年第3期。

[12] 参见《孙宝静诉上海一定得美容有限公司服务合同纠纷案》，载《最高人民法院公报》2014年第11期。

[13] 参见《邬某诉某旅游App经营公司网络服务合同纠纷案》，载《人民法院报》2022年3月16日。

[14] 参见何昊洋：《大数据杀熟背后的平台私权力及其法律矫正》，载《重庆大学学报（社会科学版）》2023年第6期。

[15] 参见胡中华、周振新：《区域环境治理：从运动式协作到常态化协同》，载《中国人口·资源与环境》2021年第3期。

[16] 参见席涛：《市场监管的理论基础、内在逻辑和整体思路》，载《政法论坛》2021年第4期。

[17] 参见张惠彬、王思宇：《数字经济时代算法价格歧视的监管难题与出路研究》，载《价格月刊》2022年第8期。

[18] 参见钱贵明、阳镇、陈劲：《平台监管逻辑的反思与重构——兼对包容审慎监管理念的再反思》，载《西安交通大学学报（社会科学版）》2022年第1期。

案例 4.3　被 AI 拒绝：美国保险公司用算法拒绝为医疗保险优先患者和老人提供护理 *

1. 引言

人工智能驱动的决策工具在医疗保健领域有多种应用，包括诊断病人，以及预测医疗保险患者所需的护理类型及大致时长。本文重点介绍人工智能驱动的医疗保险评估和决策工具相关的案例。此类工具可自动执行医疗审查和预先授权流程、指导后期护理，并影响入院和出院计划。美国的医疗保险公司长期以来一直使用预测分析来执行一系列任务和决策，即使是更简单、基于规则的承保判定算法，也会出现一些拒保情况，如解释不充分、反映的标准看似虚假、与患者的生活实际或医生的临床判断不符。2023 年 11 月 14 日，联合健康保险公司（UnitedHealthcare，母公司为联合健康集团，即 UnitedHealth Group）按照计算机算法的计算结论停止对重病患者的付款，拒绝为美国老年人和残疾人提供康复护理，因而被提起集体诉讼。有缺陷和偏见的算法是暴力的，这些有缺陷的算法可能会使边缘化的群体利益受损，甚至成为用以牟利和伦理漂蓝的工具。

---

* 本文作者为吴乐倩，作者单位为大连医科大学人文与社会科学学院。

2. 相关介绍

联合健康保险公司自 1977 年创立以来，已迅速崛起为美国顶尖的医疗保健公司之一，更是全球医疗保健服务和创新领域的佼佼者。它致力于为广大个人、雇主及政府项目提供全面而贴心的健康保险计划和服务。传统的美国医疗保险模式主要涵盖支付和计划管理，个人在选择医疗服务提供者时享有较大的自由度，医疗保险会在收到索赔后直接向服务提供者支付费用。然而，近年来兴起的"医疗保险优势"（Medicare Advantage, MA）为医疗保险市场注入了新的活力，这是一种由私人医疗保险公司管理的、受医疗保险资助的私有化保险形式。与传统模式不同，它更像是一款私人保险产品。在大多数情况下，被保患者只能使用规定范围内的医生，某些药物和服务的承保必须获批才可享受。[1]

为了推动医疗保险优势的发展，医疗保险和医疗补助服务中心（Centers for Medicare and Medicaid Services, CMS）采用了"按人头"支付模式，即针对每位个体支付固定的费用。[2] 然而，这种老年护理的私有化趋势也带来了一系列问题，如医疗保险成本的上升和医疗保险信托基金的流失。同时，虽然它增加了保险公司的利润，但也引发了诸如预先授权治疗可能受阻、患者就医选择受限等问题，从而在一定程度上降低了患者护理的质量。

联合健康保险旗下拥有一家护理管理公司 naviHealth，它是由联合健康集团的姐妹公司 Optum 在 2020 年收购的，双方共同隶属于联合健康集团。naviHealth 运用数据分析技术，为联合健康保险及其他保险公司提供保险覆盖决策支持。其特有的"nH Predict"工具能从海量的医疗记录中精准筛选出具有相似病情和特征的患者信息，涵盖年龄、既往病史及其他相关因素。通过深入分析这些比较数据，算法能够预测出特定患者所需的护理类型及大致时长。[3]然而，令人费解的是，多个州的患者、医疗服务提供者和患者权益倡导者都发现了一个奇怪的现象：naviHealth 的预测工具经常会将患者的出院日期与保险公司停止承保的日期精准匹配，即便患者仍需依赖政府运营的医疗保险进行后续治疗。这一巧合引发了广泛的关注和质疑。

3. 事件经过与争论

2023 年 11 月 14 日，联合健康保险集团的两位已故前受益者的家属向这家医疗巨头提起诉讼，指控该公司明知故犯地使用存在缺陷的人工智能算法，拒绝为医生认为需要接受长期护理的老年患者提供保险覆盖。

法庭的诉状中详细描述了两位威斯康星州男性的情况，他们都通过联合健康保险公司购买了医疗保险优势计划。2022 年 5 月，91 岁的吉恩 · B. 洛克（Gene B. Lokken）在家中摔倒，导致腿部和脚踝骨折。在经过治疗并被转入护理中心后，他开始接受康复和物理治疗。然而，仅在 19 天之后，联合健康保险公司就拒绝再支付治疗费，并声称他没有严重的医疗问题，因此不再需要额外的物理治疗，而且他已经能自己进食，在卫生和仪容方面也不太需要帮助了。洛克和他的医生对这一消息感到“震惊”，医生和治疗师的看法明明很统一，老人的肌肉功能仍然“麻痹且虚弱”，也就是说应该继续治疗。于是，洛克和他的家人起诉了保险公司，但以失败告终。洛克和他的家人为近一年的医疗费用自掏腰包，每月花费约 1.2 万至 1.4 万美元，直到他于 2023 年 7 月 17 日去世。

同年 10 月，74 岁的戴尔 · 亨利 · 特兹洛夫（Dale Henry

Tetzloff）发生中风，在被送往医院后，医生告知其需要至少 100 天的康复期。在疗养院中度过了 20 天后，联合健康保险公司拒绝为其提供进一步的保险覆盖。特兹洛夫的妻子提起诉讼并获胜。但 40 天后，联合健康保险公司再一次拒绝了他的保险覆盖，声称特兹洛夫已经可以出院。在超过 10 个月的时间里，特兹洛夫的医疗费用超过了 7 万美元，他于 2023 年 10 月 11 日去世。

这一集体诉讼在明尼苏达州联邦法院提起，诉状中称，联合健康保险集团采用一个错误率高达 90% 的 AI 模型，非法剥夺了“老年患者在医疗保险优势计划下应享有的护理权益”，这一模型无视患者医生关于医疗费用具有医学必要性的判断。[4] 诉状中如是写道：“全国各地的老年患者被过早地赶出护理机构，或被迫耗尽家庭储蓄以继续接受必要的医疗护理，所有这一切都是因为联合健康保险集团的 AI 模型‘不同意’他们真实的、活生生的医生的判断。”[4]

据美国医疗保险和医疗补助服务中心介绍，医疗保险优势计划由联合健康保险集团等私人健康保险公司管理，是面向老年人的医疗保险批准计划，以作为传统联邦医疗保险计划的替代方案。[5] 诉状中写道，涉嫌存在缺陷的 AI 模型由 NaviHealth 开发，名为“nH Predict”，该模型使保险公司能够“过早且恶意地停止向其老年受益人支付保险金”，从而给他们带来了医疗或经济上的困境。

NaviHealth 的发言人亚伦·奥尔布赖特（Aaron Albright）在接受哥伦比亚广播公司财富观察频道（CBS MoneyWatch）采访时表示，预测工具仅作为参考，协助员工来告知患者可能需要什么样的帮助和护理，并不真正用于确定承保范围，承保范围的最终决定“基于 CMS 的覆盖标准和会员计划的条款”，并认为这起诉讼“毫无根据”。[5] 然而，在诉状中，这些家庭指责联合健康保险集团利用有缺陷的AI来拒绝索赔，以谋取保费，从而不必为缺乏知识和资源的老年受益人支付保险费用。

针对联合健康保险集团等医疗保险公司一直使用“漏洞百出”的人工智能工具，拒绝为参加医疗保险计划的老年患者提供医疗服务这一现状，CMS于2024年2月6日发布了一份有关医疗保险有关覆盖标准和使用管理要求常见问题解答的备忘录。CMS的备忘录明确表明，保险公司必须根据患者的具体情况作出承保决定，因此，根据数据集而不是患者的病史、医生的建议或临床记录来决定承保范围的算法是不合规的。CMS随后提供了一个与诉讼中所述情况相匹配的假设，写道：“在涉及决定终止急性期后护理服务的例子中，可以使用算法或软件工具来帮助医疗服务提供者或医疗保险计划预测潜在的住院时间，但这种预测不能单独作为终止急性期后护理服务的依据。相反，保险公司要终止承保，必须先重新评估患者的个人情况，而且拒绝承保必须基于网站上公开发布的承保标准。此外，拒绝提供医疗服务的保险公司必须提供具体详细的解释，说明服务不再合理和必要或不再承保的原因，包括说明适用的承保标准和规则。”[6] 总之，CMS认为保险公司在评估承保范围时可以使用人工智能工具，但仅可将其作为一种检查和辅助工具，以确保保险公司遵守规则。

4. 案件分析与讨论

4.1 算法的不透明性：信任和道德距离的问题

现今，大规模的电子健康记录数据集以前所未有的规模为算法训练提供动力。算法驱动的决定可能会比人工审核的决定更快速地送达患者，这是使用算法来评估承保范围的好处。然而，联合健康保险集团等医疗保险公司使用机器学习方法会加剧承保拒绝的一些问题，尤其是导致决策的不透明性。这种不透明性，即黑箱问题，观察者可以看到这些复杂的非线性过程的输入和输出，但看不到其内部运作。[7] 由此作出的结论或决策是不透明或隐蔽的。在不了解 AI 如何作出决策的情况下，要人们信任这些系统给出的结论是相当困难的，尤其是在算法给出决策遭受质疑的时候。

即使是开发人员也可能不知道其人工智能算法为何会提出特定建议，更不用说接听患者或家属电话的理赔代表了。这种不透明性增加了患者对承保拒绝提出异议的难度：如果不知道拒绝的依据，又如何去证明决策的问题及其存在的缺陷呢？这很难不让患者和家属对保险公司的 AI 系统产生疑问，从而加剧了双方的信任危机。

此外，将 AI 引入承保范围评估，使面对面的互动最小化，决策被简化为数据和最终的结论，且是不透明的，这导致保险公司人员无法理解算法输出的结论。这意味着，保险公司人员与患者和家属产生了道德距离。卡罗琳娜·比列加斯-加拉维兹（Carolina Villegas-Galaviz）认为，AI 应用于商业会产生道德距离是因为 AI 的使用减少了人与人之间的互动，并且开发和部署 AI 的人无法意识到由此带来的影响，从而缺乏同情感。[8] 进而言之，AI 替代决策会转移原初的责任感，而道德距离会使保险公司人员无法感受患者的遭遇，从而加剧了他们的不负责任。

4.2　算法的暴力性合理化：强化权力体系以谋取利益问题

集体诉讼的诉状中写道，联合健康保险集团使用该算法“过早且恶意地停止支付医疗服务费用”，并且洛克、特兹洛夫及其家人也在该公司停止支付医疗费用后多次起诉，但都无济于事。此外，在被拒绝后，原告并未得到任何合理的理由来解释为什么被拒绝，即便医生和护士都对该拒绝结果感到震惊。然而，naviHealth的网站却吹嘘可以通过限制护理来为计划节省开支，该公司的“预测技术和决策支持平台‘确保’患者可以享受更多的居家天数，医疗服务提供者和医疗计划可以显著降低不必要的护理和再入院的成本”。[9] 显而易见，联合健康保险集团试图通过AI算法使“拒绝”合理化，而这种“拒绝”在本质上是具有暴力性的，并能够通过这一途径谋利。

算法并不“使用”指令，也不执行“任务”或解决“问题”，它仅仅是在激活时执行代码。[10] STAT的调查显示，这些工具对患者护理和承保决策的影响越来越大。[11] 算法的力量成为强化权力体系的手段，通过具体设定，算法能够拒绝不符合设定和框架的人，这是一种暴力性的技术。米米·奥诺哈（Mimi Onuoha）曾指出，算法暴力指算法或自动决策系统通过阻止人们满足其基本需求而造成的暴力。随着这些预测工具的影响力不断扩大，联邦检查员最近对2019年的拒赔情况进行检查并发现，私人保险公司一再偏离医疗保险的详细规则，并使用内部制定的标准来延迟或拒绝护理。[11] 此外，保险公司打着科学严谨的“幌子”，使用不受监管的预测算法来确定他们可以合理停止支付老年患者治疗费用的精确时间。联合健康保险集团通过算法缩小了符合承保要求的患者范围，而以往人们对AI的“美化”也使该公司有足够的理由合理化这种暴力，声称使用该技术能够缩短审核时间，为患者带来益处。然而，事实是联合健康保险集团通过算法来巩固自己的权力体系，并通过滥用权力来损害他人权益。

4.3　算法缺陷及偏见：边缘化弱势群体问题

AI 在商业中往往被用以对人进行分类，当算法存在偏见或者被恶意限定时，就会边缘化不符合特定模式的人。而那些被边缘化的弱势群体或不符合特定模式的人将会被剥夺权力或遭受进一步的伤害[12]，算法的暴力性即源于此。

该诉状中强调联合健康保险集团应用了一个已知错误率高达 90% 的人工智能模型，以非法拒绝“根据医疗保险优势计划应向老年患者提供的护理”，推翻了联合健康保险公司作出的决定，并且患者的医生认为这些费用是医疗上必需的。诉状称：“全国范围内的老年人被过早地赶出疗养院或医疗机构，或被迫耗尽家庭积蓄才能继续接受必要的医疗护理，这一切都归因于联合健康的人工智能模型与患者医生的决定‘不一致’。”[4] 虽然，临床医生也可能是不完美的决策者，但他们通常能够深入了解患者的社会环境，例如他们的家庭条件。不幸的是，此类信息通常在电子健康记录中不可用，或者算法无法使用这些信息来估计护理需求。因此，算法预测偏离人类对患者健康需求的判断也就不足为奇了。[13] 这种预测错误（例如过早地将患者从康复医院或专业护理机构送回家）往往会给边缘化群体中的患者带来不成比例的负担。

糟糕的是，算法的缺陷正在被恶意使用，进一步损害了弱势群体的权益。naviHealth 原告称，大多数决定在诉讼过程中都被推翻，这在某种意义上令人欣慰，但也暗示了一种将有问题的决定抛给患者，看谁会反抗的做法。这也意味着，如果是缺乏相关意识或者不具备相关知识的患者或家属，可能无法意识到自己正在被剥削，或者自己的利益正在受到侵犯。显而易见，这种对算法的滥用，是一种敛财手段和剥削方式，而非 naviHealth 声称的“科学”

及“有效”。

5. 结论与启示

AI 技术目前仍处于弱 AI 阶段，算法的缺陷、偏见、不透明是其显著的缺点，联合健康保险集团恶意滥用这些缺点来牟取暴利从侧面反映了算法的暴力性。然而，许多媒体对 AI 的宣传使其被“神化”，从而加深了人们认知中 AI 算法的有效性。事实却是，人工智能表面上的客观性被用来掩盖不正当行为，并被用来利用和剥削最脆弱的人。AI 并非“灵丹妙药”，使用 AI 可以减少执行手动或耗时的流程，但必须意识到，算法的缺陷会对弱势群体的利益造成损害。上述事件可以进一步证明算法的暴力性，以及 AI 在医疗保险领域使用时存在的伦理问题。

参考文献

[1] Medicare.gov., *Understanding Medicare Advantage Plans*, https://www.medicare.gov/Pubs/pdf/12026-Understanding-Medicare-Advantage-Plans.pdf, April 10, 2024.

[2] Appelbaum, Eileen, Rosemary Batt, and Emma Curchin, “Profiting at the Expense of Seniors: The Financialization of Home Health Care,” *Center for Economic and Policy Research*, September 26, 2023.

[3] Jaffe, Susan, *U.S. to Rein in Technology That Limits Medicare Advantage Care*, Washington Post, Oct.1, 2023.

[4] Lokken, Gene B., and Tetzloff, Dale Henry, *United states district court district of minnesota*, https://aboutblaw.com/bbs8.

[5] Napolitano, Elizabeth, *UnitedHealth Uses Faulty AI to Deny Elderly Patients Medically Necessary Coverage, Lawsuit Claims*, https://www.cbsnews.com/news/unitedhealth-lawsuit-ai-deny-claims-medicare-advantage-health-insurance-denials/, April 10, 2024.

[6] CMS, *Frequently Asked Questions Related to Coverage Criteria and*

Utilization Management Requirements in CMS Final Rule, https://cdn.arstechnica.net/wp-content/uploads/2024/02/cms-memo-2624-faqs-related-to-coverage-criteria-and-utilization-management-requirements-in-cms-final-rule-cms-4201-f.pdf, April 10, 2024.

[7] Von Eschenbach, Warren J., *Transparency and the Black Box Problem: Why We Do Not Trust AI, Philosophy & Technology* 34, 1607–1622 (2021).

[8] Villegas, Galaviz C., *Business Ethics and Ethics of Care in Artificial Intelligence*, Alameda: Pontificia Universidad Católica de Chile, 2022.

[9] Jaffe, Susan, *Feds Rein in Use of Predictive Software that Limits Care for Medicare Advantage Patients*, https://kffhealthnews.org/news/article/biden-administration-software-algorithms-medicare-advantage/, April 10, 2024.

[10] Bellanova, Rocco et al., *Toward a Critique of Algorithmic Violence*, International Political Sociology 15, 121–150 (2021).

[11] Ross, Casey and Herman, *Bob, Denied by AI: How Medicare Advantage Plans Use Algorithms to Cut off Care for Seniors in Need*, https://www.statnews.com/2023/03/13/medicare-advantage-plans-denial-artificial-intelligence/, April 10, 2024.

[12] Villegas-Galaviz, Carolina, "Ethics of Care as Moral Grounding for AI," *Ethics of Data and Analytics*, Auerbach Publications, 78–83 (2022).

[13] Mello, Michelle M. and Sherri Rose, *Denial—Artificial Intelligence Tools and Health Insurance Coverage Decisions*, JAMA Health Forum 5, 240–622 (2024).

案例 4.4　麦奇教育科技公司（iTutorGroup）卷入美国首例 AI 招聘歧视案 *

1. 引言

近年来，随着人工智能的迅猛发展，其所伴随的不确定性及不可预测性日益凸显，引发了包括算法歧视、算法操纵、算法监视、算法推荐在内的一系列算法伦理风险的出现。这些风险不仅影响了人工智能技术的健康发展，也对社会产生了深远影响。

为深入剖析 AI 在招聘过程中可能产生的算法伦理问题，本文将选取平安旗下的麦奇教育科技公司所涉及的美国首例 AI 招聘歧视案作为研究案例。通过梳理案件的经过和争议焦点，深入探讨 AI 招聘在实际应用中的优势所在及其面临的算法伦理风险，以期为 AI 招聘的合理使用提供有益参考。

2. 事件经过与争论

麦奇教育科技公司每年在美国聘请数千名导师，在家中或其他远程地点提供在线辅导。然而，根据美国平等就业机会委员会（Equal Employment Opportunity Commission，简称EEOC）的诉

---

* 本文作者为李翌，作者单位为同济大学人文学院。

讼，2020年，麦奇教育科技公司对其招聘申请软件进行了编程，自动拒绝55岁及以上的女性申请人和60岁及以上的男性申请人。因此，麦奇教育科技公司以年龄为由拒绝了200多名美国合格申请者。这一行为随即引起了EEOC的注意，后者于2022年5月提起诉讼，指控该公司违反了就业年龄歧视法（Age Discrimination in Employment Act，简称ADEA，该法旨在保护40岁及以上的人免受歧视）。2023年8月9日，双方达成和解，作为和解的一部分，麦奇教育科技公司同意支付36.5万美元，用于补偿被拒的应聘者。[1]

根据和解协议，麦奇教育科技公司不得基于年龄或性别拒绝应聘者，并需实施反歧视政策，进行相关培训。此外，公司还需邀请那些在2020年3月和4月因年龄因素被拒的申请者重新提起申请。

值得注意的是，此次和解是美国首个针对AI驱动的招聘工具达成的协议。双方原定于2023年10月举行和解会议，不过EEOC现已提前解决这一争议事件。在争议解决过程中，EEOC主席夏洛特·A. 伯罗斯（Charlotte A. Burrows）强调："年龄歧视是不公正和非法的，即使技术使歧视自动化，雇主仍然负有责任。"她进一步阐释道："这个案例正是EEOC最近发起人工智能和算法公平倡议的一个例子，因雇主使用技术而受到歧视的工人，可以依靠平等就业机会寻求补救措施。"伯罗斯主席的言论凸显了对AI技术使用中的伦理与法律问题的重视，并强调了雇主在确保技术公平、合法应用方面的责任。这一事件不仅成为美国首个涉及AI招聘歧视的标志性诉讼，更为未来类似案件的处理提供了重要的参考和借鉴。

麦奇教育科技公司招聘事件揭示了AI招聘过程中潜在的算法伦理问题，尽管AI技术能提升招聘效率与精准度，但若使用不当，亦可能引发一系列算法伦理风险。因此，企业在应用AI技术进行招聘时，应审慎评估其可能带来的社会影响和法律风险，并加强监管与审查，确保技术的正当、合法和公平使用。

3. 案例分析与讨论

3.1 AI 招聘的现实应用及其优势

早在 2014 年，亚马逊便开始尝试用人工智能筛选简历，帮助公司挑选出合适的员工。然而，该项目因涉及性别歧视争议于 2017 年被终止。尽管如此，科技在引领人事管理体系变革方面的趋势已逐渐在商业界显现。[2]

2022 年 2 月，美国人力资源管理协会（the Society for Human Resource Management，简称 SHRM）发布报告指出，在受调查的 1688 家美国公司和组织中，近四分之一者计划在未来五年内运用自动化技术或 AI 来辅助招聘工作。这些应用包括自动搜索求职者、筛选简历、定向发布招聘信息、预先筛选面试者，以及管理自动面试和分析求职者回复等。[3]

85% 的受访者认为在招聘中运用自动化或 AI 工具能节省时间并提高效率；44% 的人认为这有助于提升识别优秀应聘者的能力；还有 30% 的人认为采用 AI 能减少招聘决策中的潜在偏见。2023 年 1 月，EEOC 就 2023—2027 年战略执行计划草案征求公众意见，首次将雇主对人工智能和机器学习工具的使用纳入考虑，并为律师提供了行动指南。EEOC 指出，虽然 AI 工具可用于筛选简历中所需的品质和经验，但也可能导致有意或无意的歧视。该机构主席伯罗斯强调，人工智能已成为“新的民权前沿”，新工具的使用不应违背基本价值观和原则。

AI 招聘本质上依赖样本数据和算法训练。在就业招聘领域，AI 不仅能有效提高招聘效率、准确性和匹配度，还能优化招聘流程、降低招聘成本，实现应聘者和招聘者的双向互利。具体而言，AI可根据企业设定的岗位需求，自动从海量简历中筛选出符合条件的候选人，从而极大地减少了HR（人力资源，Human Resources）筛选简历的时间。同时，AI能基于历史数据和算法模型对候选人进行初步评估，为HR提供一份经过筛选和排序的候选人名单，便于快速找到合适的人选。对于应聘者而言，AI通过精准分析候选人的技能、经验和兴趣，可实现与企业职位需求的智能匹配和推荐，既满足了企业的用人需求，又满足了应聘者的个性化需求。

此外，AI还能提高面试的标准化程度，减少人为因素对面试结果的影响，使面试结果更加客观和公正。通过简化招聘流程和降低人力资源成本，AI招聘为企业降低了整体招聘成本。相较于传统招聘方式，使用AI招聘正逐渐成为重要的发展趋势。然而，若缺少有效的控制或治理机制，AI招聘也可能引发新的算法伦理问题。

3.2　AI招聘涉及的算法伦理问题

3.2.1　算法偏差使得算法歧视广泛存在

在计算机科学领域，算法作为一套基于数学逻辑的规则，被广泛认为是公正和客观的体现。然而，随着人工智能技术的迅猛发展，算法偏差现象逐渐显现，并成为一个亟待解决的问题。算法偏差通常指在数据收集、选择和使用过程中，由于人类隐含价值的介入，导致算法输出结果呈现不公平的现象。这种偏差实际上是对算法客观性的偏离，其影响不容忽视。[4]

在传统招聘体系中，人为因素往往成为歧视的根源。然而，随着人工智能在就业招聘领域的广泛应用，算法逐渐成为新的歧视主体。[5] 在训练过程中，算法可能受到数据偏见的影响，导致其决策结果存在偏差。这种偏差可能体现在种族、年龄和性别等多个方面，进而对某些群体造成不公平待遇。这不仅侵犯了个体的权益，也严重损害了社会的公平正义。

以年龄歧视为例，麦奇教育科技公司在招聘申请软件的编程过程中，设置了自动拒绝55岁及以上的女性申请人和60岁及以上的男性申请人的规则。这种算法偏差无疑加剧了年龄歧视现象。此外，性别歧视也是算法偏差的一个重要表现。波士顿大学和微软的研究人员在2016年发现，学习谷歌新闻文字的软件在词汇关联上再现了人类的性别偏见，如“编程”和“工程”等词更多地与男性相联系，而“家庭主妇”和“家务劳动”等词则往往与女性相联系。这些算法偏差的存在导致了算法歧视的普遍现象，而这种现象的根源主要在于算法设计者的主观认知偏见。

3.2.2 算法监视使得个人信息透明化

人工智能时代，米歇尔·福柯（Michel Foucault）在《规训与惩罚》（*Discipline and Punish*）中提出的“全景监狱”已逐渐演变为“共景监狱”[6]，监视的工具也从现实世界拓展至虚拟领域，在算法黑箱的加持下，用户往往深陷技术泥潭而不自知。

在AI招聘领域，算法监视使得应聘者的个人信息趋于透明。算法通过对种族、性别、宗教信仰、健康状况、年龄等受保护特征的抓取与分析，对应聘者的简历进行精准筛选。虽然这种机制提高了岗位与应聘者之间的匹配度，但也不可避免地导致部分符合申请条件的应聘者被排除在外。这种现象，不仅引发了关于隐私保护的担忧，也加深了对算法决策公正性的反思。

3.2.3 算法推荐加剧“信息茧房”构建

在AI招聘领域，算法扮演着为应聘者推荐职业岗位的关键角色。然而，随着用户点击的兴趣职业和岗位数量的增加，他们逐渐发现自己能够选择的范围在缩小，最终被限制在算法为其量身定制的个性化“信息茧房”中。[7]这样的机制使得应聘者无需主动搜索招聘信息，相关信息便根据算法的分析自动推送至其眼前，进而限制了人们职业选择的多样性和丰富性。

当算法中嵌入歧视性规则，例如对年龄、社会阶层等因素的偏见时，问题便变得更为严重。这些规则实际上限制了应聘者能够接触到的职位信息范围，使他们无法探索那些与自身存在差异的职位机会。在这种情况下，所谓的“自由访问”与“数据共享”实际上是在算法的严格监控和歧视性规则之下进行的。

AI 招聘案例凸显了算法推荐在招聘应用时可能带来的偏见。如果没有有效的规范和监督机制，算法推荐很容易引发歧视性行为，进一步加剧“信息茧房”的形成，最终损害应聘者的权益并破坏社会的公平正义。

3.3　规范 AI 招聘的路径分析

首先，在技术层面，麦奇教育科技公司招聘的案例凸显了算法偏差与算法歧视的严重性。这些问题的根源主要在于算法设计者的主观认知偏见。算法程序是基于数据训练而成，如果训练数据本身就存在偏见，那么算法的输出结果必然带有偏见。因此，在 AI 应用于招聘的过程中，必须设计更加公正、客观的算法程序。这包括但不限于采用更先进的算法模型，嵌入更全面、多样化的数据，以减少数据偏见对算法的影响。同时，还需要建立算法审查机制，对算法进行定期评估和调整，确保其能够持续适应社会的变化和需求。通过引导科技向善，可以使得 AI 在招聘领域的应用更加公正与高效。

其次，在法律层面，麦奇教育科技公司的案例引发了人们对算法监管的深思。为了确保算法的公正性和准确性，需要加强算法的监管和审核机制。这包括制定相关法律法规，对算法的使用进行规范；建立专门的监管机构，对算法进行定期检查和评估；以及鼓励公众参与算法决策的监督过程。同时，需要提高算法的透明度和可解释性。这意味着算法的设计者需要向公众公开算法的工作原理和决策过程，让人们能够理解和信任算法的决策结果。这样不仅可以增强公众对算法的信任度，还有助于及时发现和纠正算法中存在的问题。[8]

最后，在企业责任层面，麦奇教育科技公司的案例提醒企业雇主，其在AI招聘中承担着重要的职责。AI招聘的算法程序受到雇主需求和价值观的影响，因此公司必须对其使用的技术负责。雇主需要确保所使用的算法程序符合就业法和反歧视法的要求，不得存在任何形式的歧视行为。同时，雇主需要建立有效的投诉机制，对算法决策过程中出现的歧视问题进行及时处理和纠正。正如伯罗斯主席所强调的，“年龄歧视是不公正和非法的，即使技术使歧视自动化，雇主仍然负有责任”。因此，雇主需要时刻关注算法决策过程中可能出现的歧视问题，并采取有效措施进行防范和纠正。

4. 结论与启示

当前，人工智能技术因其不确定性和不可控性而引发的算法伦理风险，已成为学术界共同关注并亟待解决的重要议题。尤其在招聘领域，随着人工智能技术的广泛应用，算法歧视、算法监视和算法推荐等伦理问题日益凸显。以麦奇教育科技公司的实际案例为鉴，可以从技术层面出发，深化对算法在招聘领域应用的改进与提升；同时，结合法律手段，制定并落实相关法规，以规范算法的使用；此外，企业应肩负起责任，确保算法的公平与公正，为应聘者提供更加平等、公正的职业选择平台。只有通过多方协同、综合施策的方式，才能有效推动算法在招聘领域的正向发展，进而促进人工智能技术的健康与可持续发展。

参考文献

［1］网易新闻：《美国首次对AI招聘歧视罚款：EEOC与iTutorGroup的法律战及其对人力资源管理的影响》，载https://www.163.com/dy/article/IBS0T9HK0514CAMJ.html，2024年4月15日访问。

［2］参见赵婵：《AI招聘的算法歧视风险与治理之道》，载《湘潭大学学报（哲学社会科学版）》2023年第3期。

［3］界面新闻：《平安旗下教育公司卷入美国首例AI招聘歧视案，判赔约264万元》，载https://baijiahao.baidu.com/s?id=1774005740122019057&wfr=spider&for=pc，2024年4月15日访问。

［4］参见闫坤如：《人工智能的算法偏差及其规避》，载《江海学刊》2020年第5期。

［5］参见许丽颖、喻丰、彭凯平：《算法歧视比人类歧视引起更少道德惩罚欲》，载《心理学报》2022年第9期。

［6］参见［法］米歇尔·福柯：《规训与惩罚》，刘北成，杨远婴译，生活·读书·新知三联书店2016年版。

［7］参见王婧怡：《数字时代算法技术异化的伦理困境与治理路径》，载《自然辩证法研究》2023年第10期。

［8］参见侯玲玲、王超：《人工智能：就业歧视法律规制的新挑战及其应对》，载《华东理工大学学报（社会科学版）》2021年第1期。

第五章

算法推荐的伦理反思

案例 5.1　金山毒霸应用软件弹窗推送诋毁革命烈士邱少云内容引发的算法推荐风险 *

1. 引言

随着人工智能技术的发展，算法已经成为数字平台的主要工具。各类数字平台依托算法推荐，能够精准地利用数据信息对接受众，大幅度提高了信息处理的效率，为平台用户提供了更精准的服务。但是，算法推荐在提供便利的同时，也存在着潜在的意识形态风险。

作为一种新兴的技术力量，算法在传递信息和建构世界的过程中扮演着不可或缺的角色。算法的作用已经远远超过传统的技术，甚至呈现权力属性。有学者甚至直接提出了“算法即权力”的重要命题，认为“人工智能的技术本质是算法，而算法的社会本质则是一种权力”。[1] 在权力的裹挟之下，意识形态的传播势必受到传播主体的价值负载，潜在输送和推荐违背主流意识形态的数据信息的风险，这在很大程度上不利于社会稳定。

有鉴于此，本文将从算法推荐环境下意识形态传播的特征入手，分析算法推荐介入意识形态传播的潜在风险，并有针对性地提出防控措施和规制策略。

---

* 本文作者为吕宇静，作者单位为同济大学人文学院。

2. 事件经过与争论

抗美援朝战场中的邱少云，为了不暴露潜伏任务，默默忍受敌军燃烧弹在身边引发的熊熊烈火，直至壮烈牺牲。关于邱少云同志牺牲的场景，大家可能从小学时期就通过课本中的描述和配图对此印象深刻。但是，2021 年 10 月 12 日，网友发现金山毒霸应用软件弹窗居然推送诋毁革命烈士邱少云的文章，并配以邱少云同志牺牲的经典图片，该事件引发社会热议。

当天上午，金山毒霸应用软件就该事件在微博发布道歉声明，称关于邱少云同志的内容推送存在严重问题，金山毒霸对此高度重视并随即展开调查。经调查发现，该推送来自第三方接口，推送内容误用了革命先烈的图片。“负责内容审核的同事没有认真审核，导致该有问题的内容发布。这是我们工作的失职……目前，我们已经责令内容团队内部严查，将有问题的内容推送在平台删除，并已要求第三方即刻下线了链接。并在此向广大网友诚挚道歉，我们希望类似事件下不为例，并诚挚希望广大网友和用户对我们进行监督”。

2021 年 10 月 15 日，在国家互联网信息办公室指导下，北京市网信办针对“金山毒霸”应用软件弹窗推送诋毁革命烈士邱少云内容问题，依法严肃约谈“金山毒霸”主办方北京猎豹网络科技有限公司负责人，责令立即停止违法行为，暂停弹窗信息推送功能 30 日，进行全面深入整改。北京市网信办依据《中华人民共和国英雄烈士保护法》《中华人民共和国网络安全法》对“金山毒霸”应用软件违法行为进行行政立案处罚。“金山毒霸”网站负责人表示，将严格遵守国家相关法律法规，全面深入落实整改，认真履行主体责任，维护清朗网络空间。

北京市网信办相关负责人指出，各类网站应切实履行主体责任，严格依法办网，坚持正确价值导向，大力弘扬网络正义正气，自觉打击抹黑丑化英雄烈士行为，切实维护良好网络秩序。

3. 案例分析与讨论

3.1 算法推荐环境下的内容传播特征

算法推荐环境下的内容传播具有智能化、个性化和精准化等特征。

3.1.1 传播的智能化

基于人工智能技术的变革，无论从传播内容还是传播模式上来看，算法推荐都实现了全方位的智能化格局。人工智能环境下的内容生产是大模型基于海量数据训练而成，算法推荐是系统根据大数据标签进行智能匹配的结果。经由算法推荐的海量数据会呈现广大群体的意识形态倾向，会潜在构建网络意识形态环境。

3.1.2 传播的个性化

当前使用互联网平台的人数日益增长，受众的需求呈现多样化，由此生成的大数据更是繁杂。人工智能可以充分利用大数据和算法对受众进行偏好分析，有针对性地标注智能场域中意识形态传播的内容和群体，并且进行筛选和匹配、有效分类和备用，以展开个性化的内容推荐，即“更好地了解待分发的内容，更好地了解待接收的用户，更高效地完成信息与人之间的对接”[2]。这种个性化的算法推荐会使获取的信息更加多元，但也会在无形中引导意识形态传播的走向。

3.1.3 传播的精准性

人工智能技术的变革，使算法推荐具有精准性。算法能够快速有效地了解受众的偏好和需求，并经由数据处理对其进行标签分类，从而针对不同人群进行内容推荐。“处理数据的科学，一旦数据与其代表的事物的关系被建立起来，将为其他领域与科学提供借鉴”。[3] 通过大数据分析和整理，数据与其代表事物之间建立关联并具备了“生产资料”。算法推荐不仅为人们提供针对性的内容，延伸人们获取信息的能力，还能精准聚焦意识形态，甚至操控意识形态的演变方向，以动态的、直接的方式流入受众一端。

3.2 算法推荐环境下意识形态传播的潜在风险

马克思指出：“在我们这个时代，每一种事物好像都包含有自己的反面。”[4] 算法推荐虽然具备智能、个性、精准等特征，但在具体推荐内容过程中也伴随着风险。算法推荐环境下意识形态传播的潜在风险具体体现在以下方面。

3.2.1 数据失真导致算法推荐失误，引发意识形态传播混乱

算法推荐介入意识形态传播是基于大语言模型对海量数据的训练，逐步产生“有意识”的理解和再造信息的过程，算法推荐与技术、数据和人的活动密不可分。

当前，人工智能技术处于极速更迭阶段，生成的海量数据变化多端，再加上现实的、复杂的人的活动，需要人工智能具有较强的处理数据的能力。人工智能目前仍在发展阶段，无疑会出现一些内容生产和匹配上的失误。这些失真的数据会快速在网络上流传并经由算法推荐走向用户。关联意识形态内容的失真数据，在算法推荐环境下容易引起风险的传递。

3.2.2 算法反噬影响算法推荐，误导意识形态传播

“算法推荐通过生成、编排、重构数据信息，赋予数据信息意识形态属性，数据信息又会在反复训练过程中被再造和重塑，造成

算法反噬”。[5]数据信息在传递过程中自带意识形态倾向，影响人们的认知和讯息的选择与接收，甚至误导主流意识形态的传播，并逐渐出现被机器异化的现象。久而久之，这种算法反噬下的算法推荐不断扩大，对意识形态传播造成不可估量之社会负面影响之后果。

3.2.3　算法权力干预算法推荐，弱化意识形态传播

当前的算法已经跟权力密不可分。算法在传统的网络科技领域中属于纯粹的技术工具，但是随着数字经济的迅速发展，算法已经开始呈现权力特性，即“算法权力”。[6]平台企业通过运用算法权力，为自身谋取更多的利益，并在此过程中利用与平台用户之间的高度信息不对称损害用户的合法权益。[7]算法推荐在算法权力的参与中，已经不能排除价值和利益的参与，基于算法权力干预的算法推荐亦必会受到平台力量支配，进而对意识形态的相关内容进行有选择地推荐，变向引导主流意识形态的社会传播。

3.3　算法推荐环境下意识形态风险的治理路径

鉴于算法推荐环境下意识形态传播的特征和潜在风险，提出针对性预防和规制路径极其必要。

3.3.1　加强算法推荐法治监管，规范意识形态传播机制

目前的算法已经跟权力密不可分，单纯依靠算法技术的自我调节已远不能优化算法推荐，借助法律法规手段对算法推荐进行约束，可以为意识形态的良好传播提供重要保障。

一方面，需要完善算法的法律法规，推进算法法律体系完善，为算法推荐下的意识形态传播提供法律规范。尤其是针对算法权力对算法推荐环节的渗入，有效的法律法规能为意识形态传播提供强有力的辅助。另一方面，需要多方自觉参与，营造共治氛围。算

法推荐和意识形态传播涉及多方主体，各级各层主体的自觉守法能为算法推荐的向善发展提供支持，也能促进主流意识形态的健康传播。

3.3.2 对算法推荐技术进行伦理规约，提升意识形态引导力

各方主体在使用算法推荐技术传播信息时，应当遵守伦理规范，坚定主流意识形态引领。首先，借助算法对数据进行分类处理和推送时，应当嵌入技术伦理，“如果我们在教给强大的智能机器基本伦理标准之前，在某些标准上达成了共识，那一切就会变得更好”[8]。其次，以负责任的方式对数据和算法进行处理，在算法推荐的初始阶段促进意识形态传播的优化。最后，算法推荐的价值导向对意识形态传播而言至关重要。习近平总书记在谈及媒体融合发展时指出：“用主流价值导向驾驭‘算法’，全面提高舆论引导能力。”[9] 将主流价值融入数据，善用算法推荐技术的推送功能，可以提升主流意识形态内容供给水平。

3.3.3 加强全民媒介素养教育，推动意识形态高质传播

媒介素养“指人们在面对各种信息时的选择、理解、质疑、评估、创造和生产以及思辨的反应能力”。[10] 陈力丹指出，媒介素养分为两个层次，“一是公众对于媒介的认识与关于媒介的知识储备，一个是传媒工作者，即传播者对自己职业的认知”[11]。当今智能媒体高速发展，网络空间信息鱼龙混杂，甚至出现反动暴力等算法推荐信息，在无形中为意识形态传播带来冲击。传媒工作者要提升职业素养、强化专业操守，传播符合主流价值观的积极内容，为智能平台的数据训练提供正向素材。公众也应该提升自身的能力水平，强化自身意识形态素质，对算法推荐的内容进行甄别和判断，用知识理性应对纷繁复杂的算法推荐。青少年群体尤其要注重提升媒介素养，正确辨识算法推荐信息，培养政治敏感度和信息鉴

别能力。

4. 结论与启示

算法推荐环境下的意识形态风险问题必须得到重视。算法推荐已经是当前智能平台司空见惯的现象，算法推荐和意识形态的传播存在诸多潜在风险，需尽快在立法规范、伦理引导和公众媒介素养培育等方面下功夫。

当然，智能平台的发展正处于上升阶段，算法推荐依托的数据更新更是越来越快，对算法推荐环境下的意识形态风险进行治理不可能一蹴而就。目前需要各方充分研判算法推荐的潜在风险，关注算法推荐平台的具体问题，进一步展开多元参与和共治，在风险最小化的基础上，规范算法推荐技术，促进智能平台的算法推荐技术向善发展。

参考文献

[1] 喻国明、杨莹莹、闫巧妹：《算法即权力：算法范式在新闻传播中的权力革命》，载《编辑之友》2018 年第 5 期。

[2] 喻国明、曲慧：《“信息茧房”的误读与算法推送的必要——兼论内容分发中社会伦理困境的解决之道》，载《新疆师范大学学报（哲学社会科学版）》2020 年第 1 期。

[3] 付安玲：《推进大数据时代红色文化数字化建设》，载《中国社会科学报》2020 年 6 月 30 日。

[4]《马克思恩格斯文集》（第 1 卷），人民出版社 2009 年版，第 775 页。

[5] 向继友、吴学琴：《ChatGPT 类生成式人工智能的意识形态风险及其防控策略》，载《江汉论坛》2023 年第 12 期。

[6] 张凌寒：《权力之治：人工智能时代的算法规制》，上海人民出版社 2021 年版，第 33—40 页。

[7] 参见周辉：《算法权力及其规制》，载《法制与社会发展》2019 年第 6 期。

[8]［美］迈克斯·泰格马克：《生命 3.0：人工智能时代人类的进化与重生》，

汪婕舒译，浙江教育出版社 2018 年版，第 444 页。

[9] 习近平:《加快推动媒体融合发展构建全媒体传播格局》，载《求是》2019 年第 6 期。

[10] 杨嵘均:《论网络虚拟空间的意识形态安全治理策略》，载《马克思主义研究》2015 年第 1 期。

[11] 陈力丹:《关于媒介素养与新闻教育的网上对话》，载《湖南大众传媒职业技术学院学报》2007 年第 2 期。

案例 5.2　Meta 公司使用伤害青少年用户成瘾性算法的伦理分析 *

1. 引言

科学技术促进了生产力的发展，也改变了人们的生活方式。从巨型计算机到当今的人工智能技术，科技的迅猛发展不仅带来了诸多好处，还产生了一系列问题。随着人工智能技术的发展，手机应用获得了强大的算法支撑。这些应用在获取用户信息之后进行大数据分析，并对用户进行个性化推荐。这一做法提高了用户黏性，给手机应用的开发公司带来了良好的经济利益。目前，人们日常使用的社交媒体或短视频平台通常具有发布或推荐功能，人们可以分享自己创作的内容，或查看别人分享的内容。虽然这些内容有时可以提供有用信息，但是其中也不乏虚假信息和不良内容，而心智发展不成熟的青少年就暴露在这样一个虚假与真实并存的网络空间中。互联网公司算法工程的合规范性是新时代背景下需要重点关注的话题。科技审查制度仍需不断完善，相应的监管措施也应不断加强，全社会都应为青少年创设一个安全的网络空间。

---

* 本文作者为贺潇仪，作者单位为南京大学哲学系。

2. 相关背景

2.1 Meta 公司的影响力

2021 年 10 月 28 日，扎克伯格宣布将公司名称变更为更贴近“元宇宙”概念的 Meta。Meta 公司旗下的主要产品是脸书和照片墙（Instagram）两大具有全球影响力的社交媒体平台，除此之外还有 Facebook Messenger、WhatsApp Messenger 等产品。Meta 拥有全球用户规模最大的社交媒体矩阵。通过熟人社交、图文分享及即时通讯多领域发展，Meta 可以满足大多数国家用户的社交需求。截至 2022 年年底，脸书为全球月活最高、访问量最多的社交媒体平台之一，照片墙、Messenger、WhatsApp 的用户数也处于领先水平。从广告收入的角度对比各家社交媒体平台，Meta 位居全球第二，仅次于谷歌。Meta 公司旗下的脸书和照片墙是具有全球影响力的社交平台，青少年已经成为其用户的重要组成部分。近年来较为流行的热词“ins 风”就是指照片墙用户中较为普遍的一种图片风格，这一风格以简约、鲜明为主要特征，因而经常被青少年使用。

2.2 Meta 公司的隐私泄露和数据垄断问题

Meta 公司在用户信息保护方面一直存在问题，截至目前已发生多起信息泄露事件，数亿人的个人信息遭到泄露。2018 年 3 月，媒体报道剑桥分析公司通过脸书共获取多达 5 000 万用户的数据。[1][2] 2018 年 9 月 28 日，脸书表示“网站近日遭到黑客攻击，涉及近 5 000 万用户”。2019 年 7 月 2 日，德国向脸书开出 200 万欧元罚单。同时，Meta 公司存在不正当竞争的问题。2023 年 12 月 4 日，西班牙媒体协会对脸书所有者 Meta 公司提起了 5.5

亿欧元（6 亿美元）的诉讼，称 Meta 在 2018 年至 2023 年期间违反了欧盟数据保护规则。[3] 该协会认为，Meta 公司使用其脸书、照片墙平台用户的个人数据，使其在设计和提供个性化广告方面获得了不公平的优势。

2.3 互联网对青少年健康状况影响的部分研究成果

目前已有大量研究和调查结果显示，青少年在使用互联网的过程中会出现负面情绪增长、隐私泄露、网络欺凌等现象。欧盟资助的“欧洲儿童上网研究网络”机构（EU Kids Online）曾在十九国开展深度调研，并于 2020 年发布的报告中指出，7% 到 45% 的 9—16 周岁儿童在网上遭遇过导致自己产生负面情绪的经历。[4] DQ 研究所在 2018 年对 29 个国家 8—12 周岁青少年开展的一项研究发现，10% 的青少年曾在线下见过网上沟通的陌生人。根据“欧洲儿童上网研究网络”机构调查，15% 的 9—16 周岁青少年曾暴露个人信息给素未谋面的人，9% 见过他们在网上遇到的人，其中 1/9 因此而心烦。[5] 2016 年，世界卫生组织对 43 个国家展开“学龄儿童健康行为”调查（Health Behaviour in School-aged Children），调查发现高达 12% 的 11—15 周岁青少年在一个月内至少两次成为网络欺凌的受害者。[5] 宾夕法尼亚大学在 2018 年的一项研究中发现，脸书和照片墙的使用率与幸福感之间存在负相关关系。[6] 研究人员发现，花在社交媒体网站上的时间增加会导致恐惧、焦虑、抑郁和孤独等心理状态。梅丽莎·亨特（Melissa Hunt）博士强调，这一发现并不意味着 18—22 周岁的青少年应该完全停止使用社交媒体，但研究人员建议把花在这类社交媒体上的时间限制在 30 分钟以内。

3. 事件经过与争论

3.1 美国各州对于青少年隐私保护的制度化进程

2022 年，加利福尼亚州颁布了一项法律，要求科技公司把儿童的安全放在首位，禁止他们擅自对儿童的个人信息进行分析，或者以可能伤害儿童身心的方式使用他们的个人信息。2023 年 3 月中旬，犹他州州长签署了一项全面立法，要求社交媒体公司对犹他州居民申请开设或者使用社交媒体账户的年龄进行核实，18 周岁以下的用户需要先获得其父母的同意，才有权开设或者使用社交媒体账号。[7] 这项举措也允许父母获得权限，可以完全访问他们孩子的账户。违反这项法律的社交媒体公司，可能要承担巨额罚款，父母们也可以直接起诉该社交媒体公司对孩子构成“身体或情感伤害”。

3.2 美国各州对 Meta 公司提起诉讼

2021 年，美国总检察长联盟针对 Meta 公司导致儿童心理健康问题的指控开展了大规模调查，随后各州接二连三提起诉讼。2023 年 10 月 24 日，美国 33 个州提起联合诉讼，华盛顿特区和另外 8 个州的总检察长正在向联邦、州或地方法院单独提起诉讼，指控 Meta 故意在脸书和照片墙中加入伤害未成年用户的成瘾性功能。[8] 2019 年起，Meta 公司就故意拒绝关闭 13 周岁以下儿童的大部分账户，并在其父母不知情的情况下非法搜集其账户数据。这一行为已经违反了《儿童在线隐私保护法》（*Children's Online Privacy Protection Rule, COPPA*）中的规定。起诉书的内容表示，Meta 拒绝关闭上百万未成年人的账户，故意在脸书和照片墙中加入成瘾性功能，触发年轻用户间歇性释放多巴胺，导致其上瘾性消费。Meta 明知算法可能会放大负面的社交比较，导致用户的身材或容貌焦虑，仍拒绝更改算法。

4. 案例分析与讨论

4.1　大数据时代下的信息保护问题

4.1.1　大数据时代的数据权归属问题

数据作为新型的生产要素，是数据化、智能化的基础，已经快速融入当代社会的生产、分配、流通、消费等环节，深刻地变革了社会的生产方式和生活方式。数据权的归属问题应该秉持公平交易原则。[9] 数据的增值是商业竞争中的一种资源优势，能够转化为巨大的经济价值，因而使得数据的估值与转让变得更加复杂，如果不能建立开放共享的数据交易市场、强化法治建设，就会形成数据垄断，使部分竞争者获得不公平的竞争优势。数据垄断不仅会导致市场竞争的不公平，还会进一步伤害消费者的权益，阻碍技术创新。

4.1.2　青少年隐私保护的特殊性和重要性

人工智能技术需要大数据的支持，而信息的获取应该符合一定的标准，应该充分尊重每个人的合法权益。企业在收集数据时应向用户披露信息收集和使用的方式，保持数据透明度和可控性，确保用户理解和同意数据使用政策。大数据并不意味着对每个人数据的具体掌握，隐私保护在大数据时代依然重要。隐私权是一种个人所享有的私人生活安宁与私人信息依法受保护的人格权，虽然各国隐私权的具体含义存在文化差异，但大多数国家都承认公民享有隐私权，并且对此构建了相应的法律制度。而隐私保护对于不同年龄阶段的用户群体而言也有差异，心智尚未发展成熟、更加弱势的未成年人，需要得到更严格的隐私保护。

《第5次全国未成年人互联网使用情况调查报告》中指出，2022年，未成年人互联网普及率已达到97.2%，未成年人网民经常在网上看短视频的比例达到54.1%，32.9%的未成年网民在过去一年中曾在软件上拍摄并发布短视频。[10][11] 青少年诞生于信息时代，可以说是新时代的网络原住民，因而受到网络影响的程度要高于其他年龄段的人群。互联网成为未成年人学习、娱乐、社交的重要工具，这一点已经成为事实。互联网对于青少年成长的作用具有两面性。一方面，互联网能够帮助青少年更快更有效地获取信息，提高学习效率；另一方面，互联网会导致青少年沉迷网络，在虚拟空间中消耗过多精力，并由此引发心理健康危机。青少年往往是各种社交媒体的主要受众，而青少年尤其是儿童，心智并不成熟，对于网络的认知尚不健全，更容易受到不良影响。未成年人的生活与数字媒介紧密交织、相伴成长，然而其在上网过程中可能遭遇各类网络不良或负面信息的侵蚀，平台企业的未成年人保护模式尚存在识别漏洞、内容风险方面的问题。未成年人是互联网数据的重要生产者之一，互联网服务提供者不断收集、分析和利用这些数据，引发了未成年人数字身份失控、隐私数据被滥用等风险。因而，处理青少年与网络的关系不能仅仅依靠青少年的自觉和家长的监督管理，还需要一定的理论研究和法律制度支撑。

4.2 伦理视角中算法工程安全性的制度保障

4.2.1 大数据时代下互联网公司的伦理责任

作为大数据时代的产物，互联网公司享受着科学技术发展带来的经济利益。固然应该以经济效益为目标，但是社会效益无疑是首要的，这些公司应该承担一系列伦理责任。首先，在数据安全方面，互联网企业要确保用户的数据安全，遵守相关法律法规，自觉维护用户合法权益。其次，在内容审核方面，互联网企业应重视内容审查，以优质平台为优质内容服务，为大众提供高质量信息，同时警惕有害信息对青少年的危害，为青少年提供安全健康的网络环境。最后，在技术层面，互联网企业应保证算法公正，对于任何年龄、性别、国家的用户都不应侵犯其正当权益。

4.2.2　科技向善的价值导向

仅仅依靠互联网公司的自觉还不足以为青少年创造出安全健康的网络空间，互联网公司的算法工程不应只被放在黑箱中，更应接受伦理审查，我们只有在保障其安全性的基础上才能谈论经济效益。2023 年 9 月 7 日，科技部、教育部、工信部等十部委联合发布《科技伦理审查办法（试行）》(以下简称《审查办法》)，通过对科学研究、技术开发等科技活动中的科技伦理审查主体、审查程序、监督管理等方面进行规范，强化科技伦理风险防控，确保科技创新活动的正确方向。[12][13] 起草《审查办法》的相关负责人表示，《审查办法》注重把握“科技向善，规范科技活动可能带来的潜在风险”。[14] 众多互联网公司，尤其是社交媒体，在获取用户数据的基础上进行算法设计，并以此为根据为用户提供信息，从而影响着用户的心理情绪甚至身心健康。社交媒体在用户使用过程中对用户的心理情绪，甚至整个社会的舆论导向都有着重要的影响，因此我们对社交媒体的伦理规范性的重视程度也应提高。

5. 结论与启示

习近平总书记指出：“要提高网络综合治理能力，形成党委领导、政府管理、企业履责、社会监督、网民自律等多主体参与，经济、法律、技术等多种手段相结合的综合治网格局。”他还指出：

“压实互联网企业的主体责任，决不能让互联网成为传播有害信息、造谣生事的平台。”[15] 美国作为发达国家，其信息技术发展程度处于世界前列，遇到的问题也具有前沿性和代表性，因而其在企业监管制度方面的实践也具有一定的参考价值。美国作为发达国家，已经对互联网行业进行了一系列伦理审查，而这一进程在欧洲也在展开。个人隐私保护、青少年权益、人工智能技术的合理应用等话题不仅仅是美国或欧洲的问题，更是全球性的、时代性的问题。

参考文献

[1]《脸书又出隐私事故：遭黑客攻击5 000万用户受影响》，载中国新闻网，https://www.chinanews.com.cn/gj/2018/09-29/8639322.shtml。

[2]《美国5 000万社媒用户数据失窃》，载人民网，http://industry.people.com.cn/n1/2018/0319/c413883-29874858.html。

[3]《Meta面临来自西班牙媒体的6亿美元诉讼》，载新浪财经网，https://finance.sina.com.cn/jjxw/2023-12-05/doc-imzwxqtc1614033.shtml。

[4] 李江珏:《“算法”之下安有完卵？美国33州检察长诉Meta公司危害儿童心理健康》，载复旦发展研究院网，https://fddi.fudan.edu.cn/ca/d1/c21253a641745/page.htm。

[5]《OECD报告: 21世纪儿童必须具备“数字韧性”》，载搜狐网，https://www.sohu.com/a/321674526_161261。

[6]《研究：过度使用社交媒体会增加抑郁和孤独感》，载人民网，http://health.people.com.cn/n1/2018/1120/c14739-30410386.html。

[7]《美国犹他州针对未成年社交媒体使用立法折射出“数字一代”困境》，载今日头条网，https://www.toutiao.com/article/7305991192448418339/?wid=1701419998578。

[8]《美国41州起诉Meta剥削青少年：诱发多巴胺忽视外貌比较伤害》，载新浪财经网，https://finance.sina.com.cn/jjxw/2023-11-27/doc-imzvzpwz4433769.shtml。

[9] 李正风、从杭青、王前:《工程伦理》(第2版)，清华大学出版社2019年版。

[10]《第5次全国未成年人互联网使用情况调查报告》，载中国青年网，https://qnzz.youth.cn/qckc/202312/P020231223672191910610.pdf。

[11]《人民数据研究院发布〈我国未成年人数据保护蓝皮书（2023）〉》，载人民网，http://finance.people.com.cn/n1/2023/0703/c1004-40026744.html。

[12] 张媛媛:《论数字社会的个人隐私数据保护——基于技术向善的价值导向》，载《中国特色社会主义研究》2022 年第 1 期。

[13]《关于印发〈科技伦理审查办法（试行）〉的通知》，载中华人民共和国科学技术部网，https://www.most.gov.cn/xxgk/xinxifenlei/fdzdgknr/fgzc/gfxwj/gfxwj2023/202310/t20231008_188309.html。

[14]《推动科技向善　把好伦理"方向盘"——科技部有关负责人解读〈科技伦理审查办法（试行）〉》，载中华人民共和国科学技术部网，https://www.most.gov.cn/xxgk/xinxifenlei/fdzdgknr/fgzc/zcjd/202310/t20231010_188399.html。

[15]《习近平：敏锐抓住信息化发展历史机遇　自主创新推进网络强国建设》，载人民网，http://politics.people.com.cn/n1/2018/0421/c1024-29941345.html。

第六章

深度伪造的伦理问题

案例 6.1　泽连斯基“宣布放下武器”的深度伪造视频引发的伦理思考 *

1. 引言

“深度伪造技术”（Deepfake）是深度学习（Deep Learning）和伪造（fake）的结合，指利用深度学习算法技术中的对抗生成网络模型基础上形成的智能图像、视频、音频进行伪造处理的技术。对抗生成网络模型指“生成性对抗网络”（Generative Adversarial Network, GAN）和卷积神经网络（Convolutional Neural Network, CNN），GAN 是一种通过生成模型和判别模型互相博弈的方法来学习数据分布的生成式网络，CNN 则是一类包含卷积计算且具有深度结构的前馈神经网络。[1] 具体来讲，深度伪造技术主要体现为：深度伪造视频、语音克隆技术、文本合成技术。作为智能时代的产物，深度伪造技术在网络平台发挥着不容小觑的作用，引发社会各界的广泛讨论。在智能技术发展的背景下，深度伪造技术在生活中的应用日益广泛，以虚假新闻为代表的短视频在网络流传甚广，若是不对技术进行正确引导和规制，会引发诸多风险，甚至危害网络环境和社会安定。

俄乌冲突中的深度伪造视频在社交平台广泛传播，为媒介伦

* 本文作者为吕宇静，作者单位为同济大学人文学院。

理和国家网络安全带来新的风险和挑战。一方面，人工智能技术的发展和应用为战争提供硬件支持；另一方面，人工智能武器的使用会引发新的风险。作为智能时代的产物，深度伪造技术在引导社会舆论、影响战争走向上发挥了巨大作用。由是，人工智能技术在军事领域的应用所引发的风险已经成为国家安全领域讨论的重点问题。而今，需要辩证看待智能技术的发展和应用，社会各领域也需要及时探讨规范深度合成技术发展的路径。本文将聚焦案例并剖析其中的风险，进而反思深度伪造技术良性发展的路径。

2. 事件经过与争论

2022年3月16日，乌克兰电视台“乌克兰24”（Україна 24）进行新闻播报时，页面滚动字幕显示了一条“总统泽连斯基呼吁乌克兰人放下武器投降”的新闻，引发热议。

弗拉基米尔·泽连斯基（Volodymyr Zelenskyy）第一时间在其个人社交账号驳斥该说法。涉事电视频道也随即解释该事故系“黑客入侵”导致字幕失误。据CNN报道，有乌克兰官员将本次新闻事故归咎于俄罗斯黑客入侵，但俄罗斯暂时未作出回应。

根据英国媒体（天空新闻台，Sky News）报道，乌克兰电视台网站的存档版本显示，相关消息是在当日16点20分左右发布的。当时，“乌克兰24”频道的下方滚动字幕处，显示了一段看上去是乌克兰总统泽连斯基向国民的喊话。具体字幕内容显示：“亲爱的乌克兰人！亲爱的捍卫者！当总统并没有那么容易。我必须作出艰难的决定。首先我决定收回顿巴斯，但没有成功。情况变得更糟了，再也没有什么未来可言了，至少对我来说是这样，所以现在我决定跟你们说再见了。劝你们放下武器，回到家人身边去。这是一场不值得为之牺牲的战争。我建议你们好好活着，我也打算这么做。”

视频引发热议后，泽连斯基通过个人社交账号，在一段简短的视频讲话中驳斥了他呼吁“乌克兰民众投降”的说法，斥责这一虚假声明是“幼稚的挑衅”，并宣称乌克兰在战胜俄罗斯之前不会放下武器。他说：“我只会建议俄罗斯军队放下武器回家。我们在自己的家园，我们正在保卫我们的国土、我们的孩子们、我们的家庭。因此在取得最终胜利之前，乌克兰人不会放下任何武器。”他重申了乌克兰的立场：“朋友们，我们一再警告过（会有这种情况）。没有人打算投降，特别是在俄罗斯军队在与乌克兰军队的战斗中被击败的情况下。”

紧随其后，“乌克兰 24”频道发布了泽连斯基的这份声明，澄清该次播出事故系“黑客入侵”导致。该频道在其官方社交媒体上发表声明称，“敌方黑客”破坏了当时节目本应播放的字幕，并播放了据称是泽连斯基发布的有关“投降”内容的字幕。

英国《镜报》（*Daily Mirror*）宣称俄罗斯方面已对乌克兰进行多次网络攻击，在 2022 年 2 月 24 日俄罗斯发动“特别军事行动”前，乌克兰的银行和国防网站就遭到了网络攻击。为了应对这一情况，乌克兰呼吁全世界的黑客帮助维护该国的数字基础设施，并在虚拟世界中对俄罗斯进行反击。英国《卫报》（*The Guardian*）曾报道称，当时约有 30 万人在即时通讯应用纸飞机（Telegram）上加入了一个名为“乌克兰 IT 军”的群组。

“今日俄罗斯”电视台（RT）也提到，在俄罗斯采取“特别军事行动”后不久，俄罗斯几家媒体就遭到了黑客攻击。此外，俄罗斯和乌克兰政府机构网站此前曾遭网络攻击。[2]

3. 案例分析与讨论

3.1 深度伪造视频传播中的伦理失范

3.1.1 媒介伦理缺失导致的虚假信息泛滥

基于大数据和算法的强大辅助，深度伪造技术在传播虚假信息方面极其快捷，已成为危害国家安全的新方式。相比传统的虚假信息传播方式，深度伪造技术更为隐蔽，因此在影响意识形态和社会价值观方面的潜在风险更值得警惕。

一些主流媒体在利益操纵下，利用社交平台发布并传播涉及俄乌冲突的相关报道。但由于缺失媒介素养，这些主流媒体不仅没有呈现事件的真实可靠信息，反而在新媒体技术的助推下，引发虚假信息的泛滥流转。

本案例涉及的深度伪造视频仅是其一，通过搜索可以发现，大量碎片化报道和假新闻充斥社交平台，视频传播者和新闻报道者违背基本的媒体伦理规则，利用技术手段煽动社会舆论、消费受难个体。关于乌克兰总统泽连斯基的深度伪造视频短时间内在社交平台广泛传播，部分网络用户蓄意制造虚假新闻、引发矛盾对立，这已经成为人工智能时代新的舆论战方式。

尼娜·希克（Nina Schick）在《深度伪造》(*Deep Fake and The Infocalypse: What You Urgently Need To Know*）中指出：“在这场战争中有太多其他形式的假新闻，并且没有被辟谣。即使是这样的粗陋视频也会腐蚀人们对真正媒体的信任。人们会开始认为，什么都可能被造假。这是一种新武器，也是假信息的一种有效形式。”[3]

3.1.2 媒介话语权争夺引发社会舆论偏向

掌握媒介话语权，可以影响向公众输送的信息内容，干扰公众的立场和判断，世界上越来越多国家开始重视并参与争夺媒介话语权高地。

在俄乌冲突中，双方基于社交平台开展网络战，争夺媒介话语权，引导国内外舆论走向。首先，各势力方在发布一些战争实况的同时，也传播了部分虚假信息，以此构建有利于本国的舆论环境。其次，人工智能技术的发展促进深度伪造视频音频的普及，俄乌双方相关人员通过深度伪造视频向对手传递虚假信息，从思维和意志方面对敌方构成软杀伤，以制造有利于本国的舆论氛围，为本国的战争形势提供便利。最后，西方国家基于自身立场，充分利用主流媒体平台的话语权，封锁俄罗斯相关的真实报道，并刻意放宽部分虚假信息的网络传播，造成公众对俄乌冲突的认知偏差，影响舆论信息传播导向。彼得·辛格（Peter Singer）和艾默生·布鲁金（Emerson Brooking）指出，不管是世界上实力强大的主权国家，还是微不足道的普通民众，社交平台正在成为他们手中的利器。为此，他们会在社交平台上大量传播并广泛散布包含阴谋和谎言在内的各种虚假信息，以营造有利于本国的舆论环境，并以软手段战胜对手。[4]

3.1.3　智能技术引发国家安全领域新竞争

人类进入智能时代，人工智能技术在各领域发挥的作用不容小觑。以俄乌冲突中的假新闻为代表的案例层出不穷，通过深度伪造技术引导舆论造势的战略已突显其优势。在俄乌冲突中，网络空间与传统陆、海、空作战域的快速融合正在超越过去低强度、目的相对单一的网络战，不仅成为整个战场不可分割的组成部分，还成为助力战争方地面抵抗的新型“混合战”。[5] 大型互联网、小型科技企业，以及民间的黑客组织活动，不仅潜在引导战争舆论，还加剧了网络空间的战争博弈，打造了新的战争样态。[6]

凡此种种，势必让世界各国愈发重视人工智能技术在国家安全方面的地位和作用，也会引发智能时代新一轮的技术竞争。一些国家已经在作战机器人、无人机等方面加快了研发步调。比如法国逐步增加人工智能武器的研发费用，美国与英国就人工智能军事应用加强技术合作。诸如此类，大国之间新一轮的人工智能技术竞争已经陆续展开。

3.2 深度伪造技术的规制对策

3.2.1 重视智媒技术伦理，规范网络信息传播

人工智能技术的进步，为社会发展提供诸多便利，促进了信息的高效传递。与此同时，各种合成技术使网络环境变得愈加复杂。以俄乌冲突中流传的深度伪造视频为例，此类信息为社会舆论、国家安全等带来了新的风险，也为人们关注智媒时代的技术伦理创造了议题，规范网络信息传播环境的步调刻不容缓。

一方面，国家需要重视相关技术法规的制定。针对新一轮的技术革命，实时修订新的技术法规，有针对性地规制各领域的发展，为新媒体等关涉时代发展、国家安全的领域提供法律及伦理规范和引导。另一方面，需加强从业人员的道德自觉。从业人员是深度伪造技术的开发和应用直接相关者，也是维护网络生态环境的有效参与者。培养从业人员的道德规范，可以促进技术的向善研发，使大模型在初创阶段嵌入更多道德设计。进而，后续的技术使用者可以在合成视频、音频、文本等实践阶段受到更多的价值规范与指引。

3.2.2 积极应对话语权之战，提升国际舆论影响力

显而易见，媒介话语权扮演越来越重要的角色。争夺媒介话语权，不仅为涉战国家提供舆论助推，还为非战事国家提供国际发声的便利。于我国而言，要加紧智能媒体技术的攻关，在深度合成技术的研发、深度伪造技术的识别等方面有更多突破。约瑟夫·奈

(Joseph Nye)指出，在信息时代，成功不仅取决于谁的军队战斗力强，更取决于谁的故事更有说服力。[7] 讲好故事的前提是话语权，而人工智能等先进技术可以为国际话语权提供更多辅助，提升国家的国际舆论影响力。因此，在国际上讲好中国故事，需要更先进的技术赋能，以提升中国在国际社会的舆论影响力。

3.2.3 建立综合治理体系，积极应对新智媒挑战

深度伪造技术引发的网络传播牵涉甚广，积极开展国际合作甚为必要，需在发展高新技术的同时，促使各部门通力合作，以多维规范和监管人工智能技术。

基于深度伪造技术带来的信息复杂化和多变化，我国可采用“一主多辅”的监管架构，明确各政府监管机构的监管责任，并合理划分监管范围。所谓“一主多辅”指以“国家安全部”为主导，以“中央宣传部、中央网信办、公安部、国家新闻出版广电总局”等部门为辅助。[8]

此外，企业需要积极参与网络安全维护，积极开发检测深度伪造技术合规性的追踪系统。针对深度伪造技术产生的视频音频文本等资源，配套以行之有效的人工智能检测手段，并对危害社会稳定和国家安全的信息进行有效过滤，利用技术手段应对技术挑战，为网络空间信息传播提供助力。

公众媒介素质的提升和网络安全教育亦有其必要性，积极引导公众学习相关网络安全知识，可为舆论环境和国家网络安全提供助益。《中华人民共和国网络安全法》明确要求，各级人民政府及其有关部门应当组织展开经常性的网络安全教育，并指导、督促有关单位做好网络安全宣传教育工作。大众传播媒介应当有针对性地面向社会进行网络安全宣传教育。当前，公众接触网络中的深度伪造资源机会甚多，适当开展网络安全教育，某种程度上能降低深度伪

造技术带来的风险。

4. 结论与启示

深度伪造技术在战争中发挥的作用越来越大。此类人工智能技术应用一方面为国家在数字空间的对抗提供辅助，另一方面使国家安全面临更加复杂的局面。在智媒技术发展的背景之下，中国要积极应对技术发展带来的挑战，在总体国家安全观的指导下，加快推进人工智能技术攻关，有效发挥人工智能技术在保障国家安全方面的作用。世界各国需齐心协力应对深度伪造技术带来的威胁，“共同构建和平、安全、开放、合作的网络空间，建立多边、民主、透明的全球互联网治理体系”[9]，共同构建良好的全球数字生态安全体系。

参考文献

[1] 参见张煜之、王锐芳、朱亮，等:《深度伪造生成和检测技术综述》，载《信息安全研究》2022 年第 3 期。

[2]《泽连斯基呼吁乌克兰人放下武器投降? 乌电视台辟谣：遭黑客入侵》，载《观察者网》2022 年 3 月 17 日。

[3] 汤立斌:《俄乌总统假视频引发对“深度伪造”技术关注》，载《参考消息》2022 年 3 月 21 日。

[4] See Peter W. Singer and Emerson T. Brooking, *Like War: The Weaponization of Social Media*, New York: Houghton Mifflin Harcourt, 19–261 (2018).

[5] 参见方兴东、钟祥铭:《算法认知战：俄乌冲突下舆论战的新范式》，载《传媒观察》2022 年第 4 期。

[6] 参见李岩:《从俄乌冲突看非国家行为体的作用与影响》，载《现代国际关系》2022 年第 4 期。

[7] See Michael Cox, Doug Stokes, *US Foreign Policy*, Oxford: Oxford University Press, 98 (2012).

[8] 参见张远婷:《人工智能时代“深度伪造”滥用行为的法律规制》，载

《理论月刊》2022年第9期。

［9］习近平:《在第二届世界互联网大会开幕式上的讲话》，载《人民日报》2015年12月17日，第2版。

案例 6.2　B 站 UP 主 AI 换脸引发伦理争议 *

1. 引言

当前，短视频日益成为互联网平台的流行元素，利用深度合成技术生产的 AI 换脸视频也逐渐出现在大众视野。一方面，短视频的发展丰富了文化传播的内容，人工智能技术的发展也为短视频的制作提供了技术基础；另一方面，智能技术的运用会引发侵权问题。为加强互联网信息服务管理、维护深度合成技术应用背景下的网络生态，国家网信办于 2023 年 1 月 10 日发布实施《互联网信息服务深度合成管理规定》。智媒技术为创作提供新的方式，推进了网络文化传播的速度，但是由此引发的权益侵犯问题也亟需被纳入考量。本文拟从 AI 换脸技术的侵权问题出发展开剖析，诸如著作权归属、肖像权侵犯、个人信誉受损等，并结合此类侵权问题进一步探寻规制 AI 换脸技术的发展路径。

2. 事件经过与争论

林俊杰起诉了哔哩哔哩网站（以下简称“B 站”）及其 UP 主（uploader，即上传者，指在网站上传视频音频文件的人，简称为

---

* 本文作者为吕宇静，作者单位为同济大学人文学院。

“UP主”）@瓜瓜Mars，认为对方利用其肖像进行AI换脸，侵犯其个人肖像权。2021年9月23日，上海市杨浦区人民法院受理原告林俊杰诉被告上海宽娱数码科技有限公司、肖某肖像权纠纷一案。

“瓜瓜Mars”是一名粉丝数过万的B站UP主，经常在平台上传关于林俊杰的AI换脸恶搞视频。该UP主经常混搭混剪来博眼球、吸引流量，视频中的林俊杰游走于各经典片段中，但这些AI换脸视频实际上不仅没有搞笑的感觉，反而让人觉得灵异且尴尬，评论纷纷称其为“林俊杰黑粉头子”。

据悉，林俊杰工作室从去年年底开始就与此UP主有过多次沟通，但该UP主都不予理睬，并将退回锁定的视频重新改名字继续上传。

当林俊杰提起诉讼后，网络上还充斥着对林俊杰起诉行为的冷嘲热讽，质疑其格局。被告UP主在起诉风波后仅仅下架了林俊杰相关的换脸视频，其主页上其他明星的AI换脸视频依然可以正常播放。

2021年9月14日，杨浦区人民法院依法向被告公告送达该案起诉状副本、证据副本、应诉通知书、举证通知书及开庭传票。

原告诉讼请求为：一、判令被告上海宽娱数码科技有限公司披露被告肖某在B站上经营的UP主账号“瓜瓜Mars”发布的涉案视频播放量、点赞量、分享量、评论提交量，以及涉案视频获得收益等必要数据信息。涉案侵权视频为：（1）笑到头掉！JJ模仿韩流女王李贞贤演唱《哇》；（2）全员林俊杰版*See You Again*；（3）[AI]林俊杰模仿张娜拉演唱*Sweet Dream*；（4）全员JJ版《还珠格格》；（5）全员JJ版《中国话》；（6）[神cos]林俊杰一人模仿24位歌手翻唱《北京欢迎你》。二、判令被告肖某在哔哩哔哩网站上经营的UP主账号“瓜瓜Mars”的主页及《人民法院报》上就擅自使用原告肖像及姓名进行商业宣传一事向原告公开赔礼道歉。三、判令被告肖某向原告赔偿经济损失250 000元，精神损害抚慰金20 000元，维权成本合理开支5 000元，以上共计275 000元。[1]

该案件以被告肖某向原告赔偿经济损失、精神损害抚慰金和维权成本合理开支共计275 000元等而告一段落。

3. 案例分析与讨论

3.1 AI换脸技术及应用

AI换脸技术是建立在人脸图像识别基础上的深度伪造技术。AI换脸技术源于早期的人脸美化及人脸图像视频制作技术，随后，基于深度学习技术的辅助，实现对目标对象面部特征的识别，进而借助算法将其合成到特定载体，这种技术即为人脸识别深度伪造技术，即AI换脸。

AI换脸技术建立在人脸识别技术基础上。人脸识别技术是对人脸生物特征进行识别并进一步匹配身份信息的技术，一般通过扫描人脸图像或者视频，基于主要器官的侦测形成人脸模版，据此可以创建图像数据库，从而实现身份的精准比对和功效验证。[2]基于人脸识别技术，AI换脸短视频借助深度合成技术和深度伪造技术进一步呈现。

目前，AI换脸技术是深度伪造技术中使用颇为广泛的应用。

总体来看，AI换脸技术在短视频平台的应用主要有两种：其一，基于原视频，直接替换其中的人脸信息。这种AI换脸视频制作方式，只需要上传新的人脸信息，依托平台进行技术合成即可，因操作简易而成为平台上主要的 AI 换脸视频类型。其二，在无原视频的基础上制作新的视频，但需要他人的肖像作为原材料，进而合成制作。两种 AI 换脸技术的应用都涉及一定的侵权，无论是基于原视频直接 AI 换脸还是制作新视频进而 AI 换脸，都对他人的肖像权有不同程度的侵犯，除了肖像权之外，还涉及名誉权、著作权等纠纷。

本案件涉及的 AI 换脸技术是基于原视频的 AI 换脸，虽然原告提出的诉求主要涉及肖像权侵害，但案件除了关涉肖像权之外，原告的名誉权也受到影响，此外，被告使用的原视频一旦属于著作权法规定下的作品，若无原视频作者的授权，则被告行为也构成对原视频作者著作权的侵害。

在智能技术发展的背景下，深度伪造技术在生活中的应用日益广泛，以 AI 换脸为代表的短视频应用，虽然在文化传播等方面会发挥一定作用，但若是在技术层面没有得到正确引导和规制，也会引发诸多侵权问题，进而影响网络环境和社会安定。因此，我们需要辩证看待 AI 换脸技术的发展和应用，社会各领域也需要及时探讨规范 AI 换脸技术良性发展的路径。下文将聚焦本案例，剖析其中的侵权体现，进而为技术的有序发展提供一些参考路径。

3.2　AI 换脸视频中的侵权问题分析

3.2.1　侵犯个人肖像权

《民法典》第 1019 条规定了几种侵犯肖像权的行为：（1）丑化、污损，或者利用信息技术手段伪造权利人的肖像；（2）未经同意复制、使用、公开肖像权人的肖像，但法律另有规定的除外；（3）肖像作品权利人不得未经许可，以发表、复制、发行作品等方式公开肖像权人的肖像。

AI 换脸视频的制作者将他人的人脸替换为某明星人脸，但使用明星人脸的行为未获取肖像权人同意。本案件中被告还使用多种视频制作及合成方式剪辑恶搞视频，在某种程度上也构成对原告形象的丑化。此外，“短视频平台未征得当事人同意，提供他人形象模板让用户使用‘AI 换脸’技术制作图片、视频并发布，平台和用户都面临侵犯他人肖像权的法律风险”。北京互联网法院综合审判一庭副庭长朱阁提示，即使用户已经付费，也可能构成侵权。[3]

3.2.2 侵犯个人名誉权

《民法典》第 1025 条规定了侵犯他人名誉权的行为：（1）捏造、歪曲事实；（2）对他人提供的严重失实内容未尽到合理核实义务；（3）使用侮辱性言辞等贬损他人名誉。

涉案的 AI 换脸视频中，被告使用原告的肖像对视频进行各种恶搞和混剪，且在平台上进行广泛传播，对原告的社会形象产生一定影响，可能构成名誉权侵犯。基于原告的艺人身份和社会知名度，该行为可能会为其后续工作带来负面影响。

但是，并不是所有的 AI 换脸视频都会对名誉权有所侵犯。网络文化传播中换脸视频技术的使用日益广泛，很多时候，AI 换脸视频可以促进信息的传递和对当事人的隐私保护。比如在新闻报道或者舆论监督行为中，新闻媒体会将涉及的当事人人脸替换为虚拟人脸，以进行匿名化处理。这种换脸方式不仅可以满足新闻的信息传递需求，还可以保护当事人隐私，因此并不构成名誉权的侵犯。综上，AI 换脸是否构成侵权，需要根据个案判定，不能一概而论。

3.2.3 侵犯他人著作权

《中华人民共和国著作权法》(以下简称《著作权法》) 第 3 条规定，作品指“文学、艺术和科学领域内具有独创性并能以一定形式表现的智力成果”。目前，AI 换脸视频的制作大多是根据已有的网络视频，进行 AI 换脸和元素合成。原视频很多都是网络上流行的经典影视剧片段，如果满足《著作权法》对作品的规定，则应当受到著作权法保护。如果在这种情况下，视频合成者未获取原视频作者的授权，却随意搬运使用原视频，则构成著作权侵害。

3.3　规制 AI 换脸技术的发展路径

3.3.1　优化网络环境的监管机制

有序的网络环境离不开配套的监管。可建立“事前 + 事中 + 事后”全链条的标识管理制度。国家互联网信息办公室、公安部指导各地网信部门和公安机关加大巡查检查力度，督促属地平台严格遵守相关法律法规，积极主动履行内容标识管理责任，确保平台提供 AI 换脸等深度合成服务过程的正当性。[4] 为促进 AI 换脸等深度合成技术的网络应用有序发展，监管部门应确立相关的法律法规，在事前进行一定的引导和约束，让技术朝着良好的趋势发展。AI 换脸等深度合成技术成果在网络传播过程中，也要得到适当的规范，以防止 AI 换脸等视频资源被恶意使用，影响他人的正当权益。对于事后确实造成权益侵害的 AI 换脸视频，相关部门需要及时调整和处理，将损害减少到最小。

3.3.2　强化 AI 换脸技术的检测与鉴别技术

平台需要加快研发和引进最新技术，尤其是在人工智能不断发展的背景下，各种 AI 换脸视频充斥网络，平台需要尽到对内容把关的责任，以营造良好的网络环境。

平台具备内部管理的天然优势，平台隐私政策与个人信息使用及相关救济机制息息相关。[5] 平台可以设立对个人信息的保护机制，避免个人肖像的无序使用或恶化传播，并且针对待发布的深度伪造视频进行把关审核，及时开发及引进相关技术，进行智能筛选和检测。各种措施多管齐下，才能为 AI 换脸视频技术的有序发展提供更好保障。

3.3.3 提高公众的信息甄别能力

AI 换脸视频充斥网络，公众面对大量的合成视频时要保持理性，有效识别虚假信息、伪造信息等，注重网络资源的真实性和准确性。此外，要对深度伪造技术产生的视频资源保持警惕，尤其对一些价值观不当的合成视频。如果公众自身需使用 AI 换脸技术，要了解必要的法律法规知识，避免在使用网络资源时造成侵权。当前智能媒体高速发展，网络冲击无处不在。不仅普通民众要提升媒介素养，面对各种信息时要有思辨力，网络资源传播者也要提升个人素养、强化职业操守，在法律法规的规范下推动网络文化的传播。

参考文献

[1] 参见《林俊杰起诉 B 站及其 UP 主》，载澎湃新闻网 2021 年 9 月 23 日。

[2] See Brinckerhoff, R., *Social network of social nightmare: How California Courts can prevent Facebook's frightening foray into facial-recognition technology from haunting consumer privacy rights forever*, Journal of Federal Communications Law Journal 70, 105–106 (2018).

[3] 参见魏哲哲:《“AI 换脸”，便利背后有风险》，载《人民日报》2023 年 12 月 4 日，第 7 版。

[4] 参见张惠彬、侯仰瑶:《从技术到法律：AI 换脸短视频的侵权风险与规范治理》，载《北京科技大学学报（社会科学版）》2024 年第 1 期。

[5] 参见龚淋、付翠英:《隐私政策对个人信息的保护研究》，载《北京科技大学学报（社会科学版）》2023 年第 1 期。

案例 6.3 AI“复活”成热门生意：科技边界挑战伦理底线 *

1. 引言

在《流浪地球 2》中，刘德华饰演的图恒宇试图用数字生命“复活”女儿丫丫。这一曾仅存于银幕中的科幻设想，如今却在现实世界中逐渐成真。一段时间以来，一些人开始购买让逝去亲人的照片“开口说话”的服务；更有服务号推出了与逝者 AI 分身进行“交流”的功能，吸引了大量用户关注。[1]

然而，AI“复活”究竟是科技向“善”的体现，还是消费逝者的手段？迅猛发展的人工智能技术正在渗透我们的生活，并一层层打破属于人类的边界感。首先，AI“复活”技术在某种程度上为人们提供了一个与逝者再次“相见”的机会，这种体验或许能够带来某种程度的安慰和心灵的寄托。从这个角度看，它似乎展现了科技向“善”的一面。其次，AI“复活”这一热门生意触及隐私保护、情感伤害及技术滥用等多重伦理底线。一些人可能会利用这种技术去消费逝者的个人信息，甚至将其作为商业手段进行牟利。这种行为不仅可能侵犯逝者的隐私和尊严，还可能对家属造成二次伤害。最后，过度依赖这种虚拟的“复活”也可能导致人们忽视现实生活中的真实情感和人际关系，从而产生一系列的心理和社会问题。因

---

* 本文作者为李翌，作者单位为同济大学人文学院。

此，在推动这类技术发展的同时，我们必须谨慎考虑其潜在的影响，并加强伦理和法律的监管，以确保技术的健康发展和社会福祉的最大化。

2. 事件经过与争论

2024 年 1 月 19 日，台湾知名音乐人包小柏在个人社交平台分享了 AI 生成的逝去女儿的视频，并写道："亲爱的 Feli，欢迎从数位世界回来！"女儿去世后，为实现使其"复活"的愿望，包小柏攻读博士，经过反复尝试与训练，终于成功地重现了女儿的形象。这一数字形象不仅能唱歌跳舞，还能与家人进行对话。包小柏在分享中感慨道："AI 就是寄托思念的工具，也是一种表达对女儿思念之情的方式。"尽管他深知这个形象是机器所创造，他仍感到满足。他认为，这弥补了女儿生前"无法继续的青春，可以漂漂亮亮地活在数位世界"。

有人把 AI"复活"当作一种情感寄托，也有人正吃着 AI"复活"的"人血馒头"。例如，2024 年 3 月，"父亲希望 AI 复活乔任梁视频尽快下架"冲上热搜榜。乔任梁父亲表示，他已经看到网上正在传播的"儿子被复活"影像，不能接受，感到不舒适，希望相关视频能尽快下架。他强调，这些视频的发布并未征得他们家人的同意，这对他而言是一种伤害。此外，诸如李玟、高以翔等已故明星的"复活"也引发了广泛讨论，人们开始质疑这是科技向善的体现，还是一种对逝者的不当利用。高以翔的家人也曾明确表示，不希望他的肖像被任意使用，并对此类行为表示强烈谴责，若不立即停止侵权行为，他们会采取法律行动。

然而，有些商家或个人以温情之名，借机推广 AI 技术并开展收费服务。这些 AI 视频制作者制定了详尽的收费清单，按照视频时长和呈现效果进行收费，使得 AI“复活”亲人发展为热门生意。在某电商平台上，只需键入“AI 复活”等关键词，便可看到各种 AI“复活”服务的标价，从几元到数千元不等。消费者可根据需求选择不同层级的服务，从简单的照片修复到制作生日祝福或安慰视频，甚至实现与用户的实时互动。

对此，相关专家学者表示，目前 AI“复活”技术主要用于个体范围内，即亲人与家属之间，主要是慰藉思念之苦，这在一般情况下是没有伦理争议的。然而，一旦超出个人与家庭的范围，就会产生问题。在未经许可的情况下生成已故明星的 AI 视频并发布到平台上，或在电商平台上销售明星模型，都可能构成违法违规行为。[2]

随着科技的飞速发展，AI“复活”已不再是文学作品或科幻电影的虚构情节。但 AI“复活”目前仍面临许多技术挑战。比如 AI“复活”的数字人往往缺乏人类情感和复杂反应，与其互动总带有不真实感。《流浪地球 2》电影中，图恒宇尝试将女儿转化为数字生命的情节引人入胜，展现了人类对亲人的思念和对永生的渴望。但现实中，要实现 AI 与人类之间的自然交互，达到真实的境地，还有相当长的路要走。[3] AI“复活”技术在争议中不断发展，并受到部分人的期待，但其背后的伦理问题同样不容忽视。在利用 AI 技术延续亲人“数字生命”时，我们既要坚定捍卫伦理道德的底线，又要严格恪守法律的红线。同时，还应积极展现技术的温情与关怀，确保技术不仅服务于人的物质需求，更能滋养人的精神世界。通过这样的方式，才能真正实现技术与伦理、法律与情感的和谐共生，确保科技发展真正造福人类。

3. 案例分析与讨论

3.1 隐私与尊严的侵犯风险

AI“复活”技术在科技发展的浪潮中崭露头角，然而，其潜在的隐私与尊严侵犯问题不容忽视。一方面，AI“复活”技术涉及大量的个人信息收集和处理，包括逝者的照片、视频、音频等。这些信息具有极高的敏感性，属于个人隐私范畴。未经授权地使用和公开这些信息，不仅可能构成对逝者隐私权的侵犯，还可能对家属的隐私权造成损害。另一方面，即使家属同意使用这些信息，技术实现过程中也可能存在信息被泄露或被滥用的风险，这种风险一旦成为现实，将严重侵犯逝者和家属的隐私权。《互联网信息服务深度合成管理规定》明确要求：“深度合成服务提供者和技术支持者提供人脸、人声等生物识别信息编辑功能的，应当提示深度合成服务使用者依法告知被编辑的个人，并取得其单独同意。”[4]《民法典》对死者姓名、肖像、名誉、荣誉、隐私、遗体等权利的保护也有明确规定。当被编辑的对象为逝者时，应当取得其近亲属的同意，这是现行法规中不可逾越的底线。

同时，逝者的尊严是技术发展时需要考虑的重要伦理问题。将逝者的形象和信息用于商业目的，甚至将其作为赚取利益的工具，不仅违背了尊重逝者的基本原则，更是一种对逝者尊严的公然践踏。这种行为不仅无法带来真正的情感慰藉，反而可能给家属和亲友带来二次伤害。因此，在推进AI“复活”技术发展的同时，应严格遵守科技伦理原则，确保其不侵犯个人隐私和尊严。具体来说，应该加强对个人信息的保护，防止信息被泄露或滥用；同时，对于涉及逝者形象和信息的使用，应确保符合伦理规范，强调透明性和知情同意的重要性，以确保技术应用不会误导用户或对其造成不必要的伤害。AI“复活”虽然具有一定的应用前景，但必须正视其可能带来的隐私与尊严被侵犯的风险。

3.2　情感依赖导致的心理健康风险

AI“复活亲人”技术可能会诱发家属的深度情感依赖。对于失去亲人的家属来说，这种技术提供了一种看似能够弥补心灵创伤的方式。然而，过度依赖这种虚拟的亲密关系可能导致家属在真实的人际交往中产生疏离感，忽视了现实生活中的情感需求和建立新的人际关系的重要性。家属可能会将这种虚拟的亲人作为唯一的情感寄托，从而无法正视和接受亲人的离世，进而在心理上产生混乱和困扰。2019年，美国来世计划（HereAfter）便致力于通过数字化技术，将个体的记忆、想法、创作和故事转化为数字化身，打造首个名为“AndyBot”的“数字人类”，以此实现一种“虚拟永生”。AI“复活”技术营造了死亡记忆的新方式，唤醒了另一重生命的回归。[5]

然而，长期依赖虚拟亲人可能对家属的心理健康带来潜在风险。家属可能会陷入对虚拟亲人的过度思念和幻想中，无法自拔。这种心理状态可能导致焦虑、抑郁等心理问题的出现。此外，当虚拟亲人无法满足家属的情感需求时，家属可能会感到更加失落和绝望，进一步加剧心理健康问题。因此，应通过教育引导等方式，帮助家属正确看待AI“复活”，理解其局限性和潜在风险。

3.3　技术滥用引发的道德风险

AI“复活”技术的滥用和道德风险是科技伦理领域亟待关注的重要问题。一旦这种技术被滥用或用于非法目的，如伪造逝者形象进行欺诈或恶意攻击，将对个人和社会造成严重的伤害。诈骗者可能利用这种技术生成高度逼真的虚拟形象，冒充逝者进行电话诈骗、网络诈骗等，导致受害者财产损失和个人隐私泄露。这种滥用行为不仅侵犯了逝者的尊严，还损害了社会的信任和稳定。

当AI“复活”亲人成为一门生意时，过度追求商业化和利润而忽视伦理原则的风险将会加剧。这种商业化趋势可能使得技术开发者过分追求经济效益，而忽视技术的道德和社会责任。同时，AI“复活”技术可能被用于制造虚假的证据和信息，干扰司法公正和社会秩序。这种技术的伪造能力极强，可以生成高度逼真的视频、音频等内容，使得诈骗者有可能在司法案件中伪造事实，从而影响判决结果。这种行为严重破坏了法治的权威性和公正性，对社会稳定和公共秩序构成威胁。因此，必须加强对AI“复活”技术的监管和伦理指导，包括：制定相关的法律法规和政策措施，明确技术的使用范围和限制；加强技术开发和应用的伦理审查，AI“复活”技术涉及计算机科学、心理学、伦理学等多个学科领域，研究和解决相关伦理问题时，要以跨学科的综合视角，以更全面、更深入地理解技术的本质和可能带来的影响，从而提出更有效的伦理原则和解决方案；提高公众对AI“复活”技术的认知和警惕性，加强教育宣传，防范潜在的风险和危害。

4. 结论与启示

在追求永生这一古老命题上，古人曾过度聚焦于肉体的不朽，鲜有思索意识能否独立于肉身而存。随着近现代数字科学与脑科学的崛起，这一观念逐渐获得了新的思考空间。而今，在人工智能的时代浪潮下，人们开始探索一种全新的永生方式——将记忆与思维模式等核心要素上传至网络，从而打造出“数字生命”，带来了

"数字永生"（digital immortality）这条跨越生死的新路径。[6]"数字永生"指一个人的数字资产（如照片、视频、文件、社交媒体账号等）在其死后仍然存在并可供他人访问和使用的状态。这种愿景似乎让我们看到了意识层面永久保存的可能性，让人类的灵魂在数字世界中得以延续。

AI"复活"技术可以被视为"数字永生"的一种实践应用。通过 AI"复活"，可以将逝者的"数字资产"转化为一个具有互动性的"数字形象"，使其在数字世界中继续存在。这种存在不仅是对逝者记忆的延续，更是一种情感的寄托和心灵的慰藉。通过与这个"数字形象"进行互动，人们可以感受到逝者仿佛仍然在身边。从积极的视角来看，AI"复活"体现了人类与时间抗衡的意志与力量。正如恩斯特·卡西尔（Ernst Cassirer）所言，人类逐渐发掘出内在的一种新力量，这种力量使他敢于向时间的力量挑战，力求使人类生命得以永恒延续。[7]自古以来，这种力量在代代相传中不断发展，而 AI"复活"技术的出现，无疑成为这一力量的最新体现。"在未来，我们将能够把自己的意识上传到网络，有效地从我们身体移走的数据中创造出活生生的、不朽的自我"。[8]然而，当有一天 AI"复活"技术真的实现了"数字生命"的意识化建构，并成功构造了一个彼此共生的虚拟社会系统，那么人类在面对这样一个全新的系统时，必将遭遇前所未有的挑战，人类将陷入一种难以分辨真实与虚幻的境地。[9]

总之，AI"复活"技术既体现了科技发展的人文关怀，又引发了深刻的伦理反思。在追求科技进步的同时，我们必须坚守伦理底线，努力寻求科技发展与伦理规范的平衡。这不仅需要关注技术的潜力和经济效益，更要关注其对社会、文化和伦理的影响。只有这样，才能在享受科技带来的便利与温馨的同时，确保人类的尊严和权益得到充分的尊重和保护。

参考文献

[1] 参见张茜、李思佳:《凌子怡 . AI“复活”引发科技伦理边界讨论》, 载《中国青年报》2024 年 4 月 15 日。

[2]《乔任梁被 AI 复活，乔父称是在揭伤疤！AI“复活”逝者已成生意?》, 载新民晚报网，https://baijiahao.baidu.com/s?id=1793847032888284037&wfr=spider&for=pc，2024 年 4 月 18 日访问。

[3] 参见佘惠敏:《“AI 复活”生意的启示与挑战》, 载《经济日报》2024 年 3 月 31 日。

[4]《互联网信息服务深度合成管理规定》, 载中华人民共和国中央人民政府网，https://www.gov.cn/zhengce/zhengceku/2022-12/12/content_5731431.htm，2024 年 4 月 17 日访问。

[5]《全球首个“数字人类”曝光，卡普兰将化身 AndyBot，意识在云端永生》, 载界面新闻网，https://www.jiemian.com/article/3462756.html，2024 年 4 月 14 日访问。

[6] 参见宋美杰、曲美伊:《作为生存媒介的元宇宙：意识上传、身体再造与数字永生》, 载《东南学术》2023 年第 3 期。

[7] [德] 恩斯特 · 卡西尔:《人论》, 甘阳译，上海译文出版社 1985 年版，第 234 页。

[8] Bollmer, David G., *Millions Now Living Will Never Die: Cultural Anxieties About the Afterlife of Information*, Information Society, 142–151 (2013).

[9] 参见刘永昶:《AI“复生”：一种数字生命的生成、可能及其文化逻辑》, 载《传媒观察》2024 年第 4 期。

案例 6.4　ChatGPT“捏造”虚假司法案例：人工智能幻觉（AI Hallucination）[*]

1. 引言

生成式人工智能已如风暴般席卷全球，以不可思议的方式革新了社会。AI 聊天框的设计旨在方便易用，提升使用者获取信息的便捷性，并增进整个社会的生产力。尽管将 ChatGPT、Claude 2 或 Bard 等 AI 服务融入各个领域，为使用者提供了多功能的服务，然而，其分析庞大数据集的效率和能力并非毫无代价。2023 年，两名纽约律师被 ChatGPT“欺骗”，在法庭提交的材料中引用了“虚假”案件的故事，他们因未能及时承认和纠正错误而受到制裁，由此说明了其中的一些风险。

如今，随着生成式 AI 使用的普遍化，法律专业人士正尝试使用生成式 AI 来简化他们的任务。例如，在诉讼案件的取证过程中使用人工智能，以提高效率；进行预测性法律分析，如评估索赔成功的可能性；进行法律研究，帮助查找法律、案例和相关文章；进行法律语言处理，确保措辞的正确性。这些工具能够节省时间、降低成本，从而为律师、客户和法院带来益处。

2023 年 3 月，针对 1000 多名美国律师进行的一项调查发现，

---

* 本文作者为吴乐倩，作者单位为大连医科大学人文与社会科学学院。

80% 的律师尚未在工作中使用生成式人工智能，73% 的律师对该技术有复杂或负面的感受，87% 的律师对此有道德担忧。[1] 尽管法律行业在利用人工智能方面确实存在诸多好处和机遇，但这并不意味着没有风险和挑战，2023 年发生的这个案例就是明证。涉案律师表示，他们曾使用 ChatGPT 来“补充”工作，甚至让 ChatGPT 核实案例的真实性，从而导致他们使用了虚假案例撰写法律摘要。

2. 人工智能幻觉介绍

在人工智能（AI）领域，“幻觉”（hallucination）或“人工幻觉”（artificial hallucination）是由人工智能产生的反应，其中包含虚假或误导性信息被当作事实呈现。例如，像 ChatGPT 这样的大型语言模型（large language models, LLM）驱动的聊天机器人可能会在其生成的内容中嵌入听起来合理的随机谎言。研究人员已经认识到这个问题，分析师估计聊天机器人目前有 27% 的时间会产生幻觉，46% 的回复中存在事实错误。[2] 检测和减轻这些幻觉对 LLM 在现实场景中的实际部署和可靠性构成了重大挑战。

ChatGPT-3.5（2024 年 4 月 17 日）关于“AI hallucination”的定义为：

> “AI hallucination”这一术语用于描述人工智能系统，特别是基于生成模型的系统，产生高度创意或想象力丰富但并非基于现实的输出的情况。生成式 AI，比如像 GPT-3 这样的语言模型，或者像 DALL-E 这样的图像生成器，都经过大量数据集的训练，以生成新的内容，无论是文本、图像、音乐还是其他形式的媒体。这些模型通过学习它们所训练的数据

中的模式和相关性来工作，使它们能够创造出新的、看似合理的内容，类似于人类创作的工作。然而，有时这些 AI 系统会产生超现实、奇幻或非逻辑的输出——基本上，就是在人工智能领域中的幻觉。这些“幻觉”之所以会发生，是因为尽管 AI 模型强大且富有惊人的创造力，但它们并不具备真正的理解或意识。它们缺乏判断其输出是否现实或合理的能力；它们只是基于它们所训练的数据中的统计模式来生成内容。

在 21 世纪初，“hallucination”这个词在计算机视觉领域被赋予积极的含义，用于描述向图像添加细节的过程。到了 21 世纪 10 年代末期，这个词的意义发生了转变，用来指 AI 系统在翻译或物体检测等任务中生成的事实错误或误导性输出。[3] 而 2018 年，这个词在计算机视觉领域被用来描述由于对抗性攻击而错误检测到不存在物体的情况。[4] 2021 年 7 月，Meta 在发布聊天机器人（BlenderBot 2）时警告说，该系统容易出现“hallucinations”，Meta 将其定义为“不是事实但自信的陈述”。[5—6] 2022 年 11 月，OpenAI 的 ChatGPT 发布测试版后，一些用户指出这类聊天机器人经常在生成的内容中无意义地嵌入听起来合理的随机错误。2023 年，《韦氏大词典》（*Merriam-Webster Collegiate Dictionary*）更新了 hallucination 的定义，以包含与 AI 领域相关的新含义。

AI 幻觉可以分为内在幻觉（Intrinsic hallucination）和外在幻觉（Extrinsic hallucination）两类。内在幻觉即同输入信息不一致的幻觉内容，包括同用户输入的问题或指令不一致，或是同对话历史上下文信息相矛盾，如 AI 模型会在同一个对话过程中，针对用户同一个问题的不同提问方式，给出自相矛盾的回复。外在幻觉则是同世界知识不一致或是通过已有信息无法验证的内容，例如 AI 模型针对用户提出的事实性问题给出错误回答，或编造无法验证的内容。[7]

3. 事件经过与争论

2023 年 5 月，罗伯特 · 马塔（Roberto Mata）诉哥伦比亚国家航空公司（Avianca Inc）案件中原告律师使用 ChatGPT“捏造”的案例，引发了人们对于生成式人工智能造成“幻觉”风险的思考。该案件涉及 2019 年 8 月 27 日从萨尔瓦多圣萨尔瓦多飞往美国纽约的哥伦比亚国家航空公司某航班。索赔人罗伯特 · 马塔声称，飞行期间，哥伦比亚国家航空公司的一名员工用金属餐车撞击了他的左膝，导致他受伤。罗伯特 · 马塔将这些伤害归咎于哥伦比亚国家航空公司所谓的粗心大意、鲁莽和疏忽，并描述了这些伤害的严重性，以及接受治疗会对他的工作造成的妨碍。

因此，在 2022 年 2 月 2 日，罗伯特 · 马塔根据《统一国际航空运输某些规则的公约》(1999 年《蒙特利尔公约》) 提起损害赔偿诉讼。该公约是一项国际条约，对航空公司造成的航空旅行相关事故的责任和赔偿作出规定。该公约规定了航空公司对国际航班中乘客的死亡、受伤或延误，以及行李和货物的丢失、损坏或延误所应承担的责任。

2023 年 1 月 13 日，哥伦比亚国家航空公司的法律顾问要求法官撤销此案，因为根据《蒙特利尔公约》第 35 条规定，两年的诉讼时效已过。然而，罗伯特 · 马塔的律师表示反对，并提交了一份长达 10 页的辩护状，引用十多个相关的“法院判决”来反驳这一论点。反驳理由是，案件审理地纽约的诉讼时效为三年，而哥伦比亚国家航空公司的破产使诉讼时效期限暂停。原告律师施瓦茨

（Schwartz）未获准在该地区执业，因此洛杜卡（LoDuca）在施瓦茨继续执行所有实质性法律工作的同时提交了出庭通知。

2023 年 3 月 15 日，哥伦比亚国家航空公司提交了一份回复备忘录，其中包括以下声明："虽然原告表面上援引了各种案例来反对这一动议，但签署人无法找到原告反对意见中的大部分判例，而且签署人能够找到的少数案例并不支持它们所引用的主张。"[8] 该备忘录暗示性地指出了原告律师提交的反驳申明中引用的某些案例并不存在："原告对本诉讼受《蒙特利尔公约》管辖这一点没有异议，原告也没有引用任何现有的权威案例来证明《破产法》规定了两年时效期或纽约法律提供了相关诉讼时效。"[8] 然后，该备忘录详细列出了哥伦比亚国家航空公司的律师无法找到的七项所谓"裁决"的名称和引文，并用引号将它们标出来，以区分不存在的案例和真实的案例，即使引文是为了证明一个并不成立的主张。

虽然民事诉讼中的此类论点既不新鲜也无争议，但所引用的法院判决在法律档案中却无处可寻，这不禁让人瞠目结舌。因此，法院针对哥伦比亚国家航空公司指控性质的严重程度，自行搜索了原告律师所引用的案例，却无法找到辩护状中所引用的权威案例。

2023 年 6 月 6 日，施瓦茨发表声明，称自己使用了 ChatGPT 来协助书写辩护状，并附上了使用 ChatGPT 的提示历史及回复内容。[9] 施瓦茨努力解释他为什么转向 ChatGPT 进行法律研究，他错信了 ChatGPT 的超级搜索引擎，在未检查材料内容的情况下，签署了自己的名字。如果律师认真检索案件，这是可以避免的，因为这本来是一项简单的事情。针对该种情况，法院对他们处以 5 000 美元的罚款。

4. 案例分析与讨论

4.1 冲击法律严谨性：ChatGPT 类技术的“知识权威幻觉”

“知识权威的幻觉”这一现象，随着人工智能技术的飞速发展愈发明显。“知识权威的幻觉”指的是人工智能生成内容和提供信息时，往往带有欺骗性的可信光环，即给人一种权威、准确的印象。在当下信息爆炸的时代，人工智能以其卓越的语言理解和表达能力，为使用者带来了前所未有的便利，但也带来了不容忽视的挑战。当 ChatGPT 类技术以其流畅的语言、缜密的逻辑出现在使用者面前时，使用者很容易为其所迷惑，将其输出的内容视为权威、准确的知识。这种错觉，很大程度上源于人工智能对人类语言和思维方式的出色模仿。ChatGPT 类技术能够模仿人类的语言和逻辑，拥有流畅自然的语言理解与表达能力，其输出的内容乍看之下具有权威性和可靠性，能够极大消除用户与智能体之间的信息交互鸿沟，增强人机间的相互信赖。[10]

然而，这种信任感可能隐藏着巨大的风险。因为，尽管人工智能在语言理解和表达上已经达到相当高的水平，但在知识生成和判断的准确性上，仍然存在着不容忽视的缺陷。它们是基于大数据和算法进行训练的，这就意味着它们所生成的信息，很大程度上受到训练数据的影响。如果训练数据中存在错误或偏见，那么人工智能所生成的信息也必然带有同样的问题。

在司法领域，这种“知识权威幻觉”的危害尤为严重。律师、法官等法律从业者，往往需要在处理案件时参考大量的法律条文、案例和相关资料。如果过于信赖人工智能生成的信息，而忽视了对其真实性的核实，那么很可能导致法律判断的失误。这不仅会影响个别案件的公正性，更会对整个法律体系的严谨性和公信力造成损害。

因此，必须清醒地认识到，人工智能虽然带来了很多便利，但它并不是万能的。不能盲目地将其视为知识的权威，而应该保持一种审慎和理性的态度。在使用人工智能生成的信息时，应该进行充分的核实和比对，以确保其真实性和准确性。同时，应该加强对人工智能技术的监管和规范，防止其被滥用或误用。

4.2　数字惰性：严重依赖数字系统输出的可信度和准确性

随着数字化时代的到来，人们越来越依赖数字系统来获取信息、作出决策，不愿意质疑或验证数字系统的输出结果，即产生"数字惰性"。人们倾向于接受数字系统输出的结果，而不愿意进行进一步的核实和探究。在司法领域，这种数字惰性带来的危害更是显而易见。法律从业者作为维护社会公平正义的重要力量，他们的决策和判断直接关系到每一个人的切身利益。然而，这种数字惰性可能导致法律从业者对 ChatGPT 等 AI 工具生成的信息缺乏必要的审慎和怀疑态度，从而增加了虚假信息的传播风险。

ChatGPT 等 AI 工具虽然拥有强大的语言处理和生成能力，能够模拟人类的语言和逻辑，但它们终究只是机器，无法像人类一样拥有批判性思维。它们的文本生成方法是以新的方式重复使用、重塑和重组训练数据，以回答新的问题，而忽略了答案的真实性和可信度[11]，缺乏真实世界的复杂性和多变性。因此，如果法律从业者盲目接受这些 AI 工具生成的信息，而不进行进一步的核实和探究，那么他们很可能被误导，从而作出错误的决策。换言之，这种对数字系统输出结果的盲目依赖会导致批判性思维的削弱和法律审查的缺失。

罗伯特·马塔诉哥伦比亚国家航空公司案件中，罗伯特·马塔的法律团队也许被ChatGPT的权威语言所迷惑，没有尽职核实人工智能生成的叙述是否准确。当人工智能生成的内容未经适当验证就被照单全收时，法律程序的完整性就会受到损害，司法公正就会成为“数字惰性”的牺牲品。

因此，我们应警惕数字惰性的危害，保持对数字系统输出结果的审慎和怀疑态度。在使用ChatGPT等AI工具时，应将其作为辅助工具，而不是完全依赖它们。同时，监管部门应该加强对数字系统的监管和规范，防止其被滥用或误用。政府和企业应该建立完善的数字系统使用规范，明确其使用范围和限制，确保其在合法、合规的前提下运行。

4.3 缺陷答案的重复使用：生成式AI的透明度和可解释性问题

ChatGPT等生成式AI工具在生成信息时，往往基于其训练数据和算法进行推理和预测。然而，这些推理和预测的过程并不总是透明的或可解释的。ChatGPT等生成式人工智能系统就像黑盒子一样运行，当AI工具生成错误或虚假的信息时，我们很难追溯其输出结果的来源、原因和过程。此外，当使用者未经查实地使用AI工具生成的错误答案，而其他人继续引用该错误答案，则这种错误可能被不断放大和扩散，并进一步加剧问题的严重性。

在法律领域，这种问题的严重性更是不言而喻。法律从业者需要依靠准确、可靠的信息来作出决策和判断。然而，如果他们过度依赖ChatGPT等生成式AI工具，未经查实就使用其中的信息，那么这些信息中的错误和虚假内容可能误导他们的决策，从而导致不公正的法律判决或处理结果。更为严重的是，这些错误的信息一旦被写入法律文件或记录中，就可能成为长期存在的错误信息。这些错误信息不仅会影响当前的案件处理，更可能对未来的法律实践产生负面影响。此外，如果 ChatGPT 和类似系统的内部运作始终不透明，几乎不可能有效地识别和纠正这些错误输出。这种无法纠正的错误将会导致谬误和法律歪曲的循环，进一步加剧问题的严重性。

因此，必须正视 ChatGPT 等生成式 AI 工具的不透明性和潜在错误风险。在使用这些工具时，应保持谨慎和怀疑的态度，加强对这些工具的监管和研究，才能确保它们在为用户服务的同时，不会对人们的生活和社会造成负面影响。

5. 结论与启示

ChatGPT“捏造”虚假司法案例的事件引发了对人工智能伦理问题的深思。在司法领域应用人工智能工具时，我们应保持审慎和警惕的态度，充分认识到其潜在的风险和挑战。同时，我们需要积极探索解决路径，加强监管和规范，提高法律从业者的数字素养和批判性思维能力，以推动人工智能技术在司法领域的健康发展。

参考文献

[1] Lexis Nexis, *Generative AI & the Legal Profession*, https://lnlp.widen.net/s/mvgdgfhkdb/2023-gen-ai-full-survey-report, April 10, 2024.

[2] Wikipedia, *Hallucination (artificial intelligence)*, https://en.wikipedia.org/wiki/Hallucination_ (artificial_intelligence), April 10, 2024.

[3] Negar Maleki, Balaji Padmanabhan, and Kaushik Dutta, *AI Hallucinations: A Misnomer Worth Clarifying*, arXiv preprint arXiv:2401.06796 (2024).

[4] Tom Simonite, *AI Has a Hallucination Problem That's Proving Tough to Fix*, https://www.wired.com/story/ai-has-a-hallucination-problem-thats-proving-tough-to-fix/, April 10, 2024.

[5] Meta, *Blender Bot 2.0: An Open Source Chatbot that Builds Long-term Memory and Searches the Internet*, https://ai.meta.com/blog/blender-bot-2-an-open-

source-chatbot-that-builds-long-term-memory-and-searches-the-internet/, April 10, 2024.

［6］Tung, Liam, *Meta Warns Its New Chatbot May Forget that It's a Bot*, https://www.zdnet.com/article/meta-warns-its-new-chatbot-may-not-tell-you-the-truth/, April 10, 2024.

［7］罗云鹏:《AI 为何会“一本正经地胡说八道”》，载《科技日报》2023 年 11 月 24 日。

［8］JUSTIA US Law, *Mata v. Avianca, Inc., No. 1:2022cv01461-Document 54 (S.D.N.Y. 2023)*, https://law.justia.com/cases/federal/district-courts/new-york/nysdce/1:2022cv01461/575368/54/, April 10, 2024.

［9］Castel, P. Kevin, *Mata v. Avianca, Inc. (1:22-cv-01461)*, https://www.courtlistener.com/docket/63107798/mata-v-avianca-inc/, April 10, 2024.

［10］王禄生:《ChatGPT 类技术：法律人工智能的改进者还是颠覆者》，载《法论坛》2023 年第 41 期。

［11］Zihao Li, *The Dark Side of ChatGPT: Legal and Ethical Challenges from Stochastic Parrots and Hallucination*, arXiv preprint arXiv: 2304, 14347 (2023).

第七章

AI生成物的伦理争议

案例 7.1 中国首例“AI 文生图”侵权案 *

1. 引言

生成式人工智能的快速发展及其技术应用引发全球关注。根据国家互联网信息办公室公布的《生成式人工智能服务管理暂行办法》的规定，生成式人工智能技术指“具有文本、图片、音频、视频等内容生成能力的模型及相关技术”。[1] 随着人工智能算法与大数据处理技术的发展，人工智能在生成内容上取得巨大突破。然而，人工智能技术给人类社会带来巨大便利的同时，其生成内容引发的作品界定、著作权归属等问题带来了理论争议。

为了厘清人工智能生成内容涉及的权益侵害问题，本文将依托中国首例“AI 文生图”侵权案，在人工智能生成物是否构成作品、独创性在人工智能生成物中的必要性、人工智能生成物的著作权归属问题，以及权益保护路径等方面展开分析。中国首例“AI 文生图”侵权案，促使理论界越来越关注人工智能生成内容的作品属性问题，探讨和推进相关权利界定及规制路径意义重大。

2. 事件经过与争论

2023 年 2 月，原告李先生使用 AI 绘画开源软件 Stable Diffusion

---

* 本文作者为吕宇静，作者单位为同济大学人文学院。

生成了一张名为《春风送来了温柔》的图片，并发布在自己的小红书社交账号上。随后，被告刘女士在百度百家号发布文章时配图使用了涉案图片，并去除了原图的水印署名。

涉案图片的产生过程如下。原告基于 Stable Diffusion 模型，通过分别输入数十个正向提示词与反向提示词，同时设置迭代步数、图片高度、提示词引导系数及随机种子的方式，生成第一张图片。在上述参数不变的情况下，原告将其中一个模型的权重进行修改，生成第二张图片。接着在参数不变的情况下，修改随机种子生成第三张图片。此后，保持参数不变的情况下，原告通过增加正向提示词内容，生成了第四张图片，即涉案图片。

对于被告使用涉案图片的行为，原告认为，被告在未经许可的情况下使用涉案图片，而且截去了原告在社交平台的水印署名，导致相关用户误认为被告是该图片的作者，这严重侵犯了原告所享有的署名权及信息网络传播权，故要求被告公开赔礼道歉并赔偿经济损失。

基于此，被告辩称，不确定原告是否享有涉案图片的权利，而且自己所发布文章的核心内容为原创诗文，并非涉案图片直接相关主题，且没有商业用途，因此不具有侵权故意。

法院审理后认为，涉案图片具备人们常见的画作外观特征，故认定其为艺术作品。并且，原告在利用人工智能生成技术生成涉案图片的过程中，不论是对提示词的筛选，还是对相关参数的不断调试修改，抑或是对多轮图片的选定等操作都涉及智力投入和个性化选择，因此涉案图片可认为具备作品所需的智力成果因素。在未有其他反证的情况之下，可认定涉案图片是由原告独立完成的艺术作品，且具备“独创性”要件。据此，法院判定，涉案图片是以线条、色彩构成的有审美意义的平面造型艺术作品，属于美术作品，应受我国《著作权法》的保护。

被告侵害了原告所享有的权利，需承担侵权责任。日前，北京互联网法院已就该案件作出一审判决，判决被告赔礼道歉并赔偿原告500元，双方皆未提起上诉，目前一审判决已经生效。[2]

3. 案例分析与讨论

3.1　人工智能生成内容是否构成作品

3.1.1　“AI文生图”是否构成作品

我国《著作权法》第3条规定，作品指“文学、艺术和科学领域内具有独创性并能以一定形式表现的智力成果”。涉案图片是否构成作品，需考虑四方面，即是否属于文学、艺术和科学领域，是否具有独创性，是否具有一定的表现形式，以及是否属于智力成果。

相关法律专家表示，涉案图片与人们常见的绘画作品差异不大，属于艺术领域，且具有一定的表现形式。作品应当体现自然人的智力投入，原告在AI模型中输入诸多提示词并设置相关参数，又根据初始阶段的图片进行了调整，最终生成并择出自己满意的图片。从其构思到选定图片的全过程来看，原告进行了一定的智力投入，其投入过程对生成结果产生了影响，因而具有独创性。[3] 因此，涉案图片具备《著作权法》规定的作品属性。

与上不同，有专家指出：“AI生成内容可版权性的答案并非简单的yes or no。”人工智能生成物并不是简单的代码输入与结果输出的关系，也不是机械运行预先设定程序、模板、参数的结果。人工智能通过大模型语料训练所表达的结果是有可能具有不可预测性和不确定性的。同时，AI生成内容可能不具有稀缺性，不具有独创性，从而不宜被认定为作品，进而不应受《著作权法》的保护。但也并非全然如此，诸多因素叠加最终导致AI生成内容可版权性的结论需要进行个案判断。[4]李洪江认为，"'个案判断'为未来类似案件留出裁判空间或解题思路"。人工智能技术在不断发展，相关法规不能生搬硬套。

3.1.2 独创性在AI作品生成中的必要性

独立创作的过程是《著作权法》客体的要件。[5]无论"从人工智能生成的表现形式上与人类作品相同的内容产生过程为切入点，分析它们是否符合独创性的要求"[6]，还是作出人工智能生成内容是否属于作品的判断，都必须结合创作意图等内在过程性因素进行考量[7]，因为二者都强调独立创作过程的重要性。

根据《著作权法》对作品独创性的规定，作品应源于本人、独立完成，同时具有最低程度创造性。[8]在对独创性程度的要求上，著作权法体系强调作者创作作品的事实，强调作品是作者的精神智力成果，所以被视为作品的精神智力成果需要反映出作者的人格和意志品格。[9]"纯粹'人工智能创作'结果虽然满足《著作权法》表达外在标准，但并不符合作品应构成智力创作内在要求"。[10]作品是作者事实行为的产品，享有知识产权保护。[11]认定作者身份的核心标准则是看行为主体是否以一定形式在其创作中拥有实质性的劳动成果。[12]

3.1.3 AI作品生成的著作权归属问题

我国《著作权法》第11条规定，作者限于自然人、法人或非法人组织。《著作权法》的主要原则是保护个体自然人创作的成果。根据现行法律规定，著作权通常被授予那些独立创作作品的个人或实体。因此，人工智能模型本身无法成为我国《著作权法》规定的作者。本案中，原告根据需要对涉案人工智能模型进行相关设置，最终生成并选定涉案图片，涉案图片是基于原告的智力投入产生，而且体现了原告的个性化表达，因此原告是涉案图片的作者，享有涉案图片的著作权。

有学者指出，如果人工智能生成的内容缺乏人类创作者的直接干预和创造，则不应该被赋予著作权。[13] 这种观点与上文讨论的独创性内容相关联，作者的创造性劳动在著作权归属判定中占据重要地位。与此不同，有学者认为，由于人工智能具有创作能力，因此人工智能生成作品的著作权应该属于人工智能本身。[14] 但是根据《著作权法》规定，人工智能本身并不符合作者身份的认定。

有学者认为著作权归属仍有待商榷。人工智能生成的内容具有一定的创造性，它们是基于人类复杂的算法设计和模型训练生成的，因此可以被视为人类创作者的延伸。[15] 此外，在算法生成和训练过程中，涉及多方参与，“AI 生成内容的作者，可以是编写算法的人、使用算法生成内容的人或是拥有算法版权的人。具体情况需要根据实际情况进行判断”[16]。这为人工智能生成作品的著作权归属认定带来难度，算法投资方、算法设计者、算法使用者都有可能是权利主体。

3.2　人工智能生成作品的权益保护

鉴于算法生成中各类因素的复杂叠加，人工智能生成作品的权利归属仍不甚明朗。加之现行《著作权法》并未明确规定人工智能是否具有“作者”资格[17]，更未就人工智能或算法本身是否享有著作权益给出清晰说明，故针对人工智能生成作品的权益保护亟待探讨。

首先，应明确著作权归属问题。唐一力等学者指出，可从主体间对作品的约定归属、创造者归属、使用者归属三个维度界定人工智能生成作品的著作权归属。[18] 其次，需完善生成内容的保护路径。要完善或确立新型数据产权保护方式，可根据生成内容是否满足作品构成要件来判断其是否属于《著作权法》的保护范畴。最后，有必要根据生成式人工智能的最新发展，推进具备前瞻性的知识产权领域立法规范。[19]

4. 结论与启示

习近平总书记指出："把新一代人工智能作为推动科技跨越发展、产业优化升级、生产力整体跃升的驱动力量，努力实现高质量发展。"[20] 与传统的艺术作品相比，人工智能生成的作品更具备科技特征，这类技术在为行业带来新助益的同时，也为人工智能生成物的著作权认定问题带来挑战。我们在享受技术红利的同时，也要保持价值理性，合理规范人工智能发展的快车道。面对当前的人工智能生成内容带来的忧思，瞄准并探索解决路径方为上策，以此促进人工智能技术的高质量发展，更好地推进我国科技和文化事业的向善向好发展。

参考文献

[1] 参见国家互联网信息办公室:《生成式人工智能服务管理暂行方法》，2023 年 7 月 13 日。

[2] 参见徐伟伦:《认定利用人工智能生成的内容可构成"作品"》，载《法治日报》2024 年 1 月 4 日，第 4 版。

[3] 参见简工博:《用 AI 绘画的人，享有著作权吗》，载《解放日报》2023 年 12 月 14 日，第 5 版。

[4] 参见方彬楠、冉黎黎:《全国首例"AI 文生图"侵权案判赔 500 元》，载《北京商报》2024 年 1 月 5 日，第 5 版。

[5] 参见杨利华、王诗童:《人工智能生成内容的著作权客体性思考——兼论

作品判定的独创性标准选择》，载《北京航空航天大学学报（社会科学版）》2023年第2期。

[6]王迁：《论人工智能生成的内容在著作权法中的定性》，载《法律科学（西北政法大学学报）》2017年第5期。

[7]陈虎：《论人工智能生成内容的可版权性——以我国著作权法语境中的独创性为中心进行考察》，载《情报杂志》2020年第5期。

[8]参见王迁：《知识产权法教程》，中国人民大学出版社2021年版，第67页。

[9]参见李明德：《美国知识产权法》，法律出版社2003年版，第247页。

[10]宋红松：《纯粹"人工智能创作"的知识产权法定位》，载《苏州大学学报（哲学社会科学版）》2018年第6期。

[11]参见吴汉东：《著作权合理使用制度研究》（第4版），中国人民大学出版社2020年版，第94页。

[12]参见腾讯研究院：《AIGC发展趋势报告2023：迎接人工智能的下一个时代》，载腾讯网，https://new.qq.com/rain/a/20230131A069O100，2023年2月2日访问。

[13]参见邱润根、曹宇卿：《论人工智能"创作"物的版权保护》，载《南昌大学学报（人文社会科学版）》2019年第2期。

[14]参见王渊、王翔：《论人工智能生成内容的版权法律问题》，载《当代传播》2018年第4期。

[15]参见廖斯：《论人工智能创作物的独创性构成与权利归属》，载《西北民族大学学报（哲学社会科学版）》2020年第2期。

[16]参见李洋：《AI生成内容是否享有著作权保护》，载《中国高新技术产业导报》2023年4月24日，第3版。

[17]参见吴汉东：《人工智能生成作品的著作权法之问》，载《中外法学》2020年第3期。

[18]参见唐一力、牛思晗：《论人工智能生成作品的权利主体及其著作权归属》，载《福建论坛（人文社会科学版）》2023年第11期。

[19]参见丁懿楠、吕冬娟、王先第：《ChatGPT生成内容的权利保护研究》，载《传媒》2023年第24期。

[20]邱超奕、葛孟超：《促进人工智能和实体经济深度融合——智能经济加速跑发展引擎更强劲》，载《人民日报》2022年9月5日，第4版。

案例 7.2　AI 绘画的艺术革命与伦理危机 *

1. 引言

在这个日新月异的时代，科技的发展、技术产品的更新迭代变得愈发迅速，人工智能等前沿技术与各行各业的结合也愈发紧密。这不仅是一次简单的技术革新，更是一场深刻的社会变革。在多元化的视野下，许多传统产业在科技的助力下突破了原有的发展格局，焕发出新的生机与活力。在艺术领域，这种变革尤为显著。艺术家们不再局限于传统的绘画技法，而是借助生成式人工智能，探索出更为多元、富有创意的艺术表达形式。在绘画领域，像 Novel AI、Disco Diffusion 这样的工具，已经受到了广大艺术家的青睐。面临时代热潮、技术冲击的现状，如何看待人工智能尤其是生成式人工智能在绘画领域带来的伦理之争，成了棘手却亟待解决的问题。

2. 事件经过与争论

2.1 《埃德蒙·贝拉米肖像》高价拍卖

2018 年 10 月 25 日，一幅肖像画以 43.25 万美元的高价被一位匿名出价者拍下——这个价格是估价的 40 多倍！这幅画作何以

---

* 本文作者为张淼煜，作者单位为西北工业大学。

有如此大的魅力和艺术价值？该肖像画中的人物是一名男性，他身着白色衬衣，外穿黑色大衣，除此之外并未有其他细节。从穿着看来，他可能是法国人，或许还是一名神职人员，可是当提到这幅画的名称——《埃德蒙·贝拉米肖像》(*Edmond de Belamy*)，同时也是画面中主人公的名字时，人们却毫无印象，因为画面中的人物并不存在。而这幅画的右下角有一段文字，看起来像是画师的签名，实则只是用高卢文字写的一个数学公式。

该肖像画是一幅人工智能艺术品，从画面中的人物到右下角的签名都是人工智能生成的，这幅画也成为艺术史上第一幅在大型拍卖行被成功拍卖的人工智能画作。

画作的“作者团队”——Obvious 团队使用的算法由两部分组成，一边是生成器，另一边是鉴别器。首先，由 15 000 幅作于 14 世纪至 20 世纪的肖像画组成的数据集被输入系统；其次，生成器通过此数据集生成新的图像；接着，鉴别器尝试识别人类画的肖像与生成器生成的肖像之间的差异，这个过程的目的是骗过鉴别器，让它认为生成的新图像是人类所作的肖像，就好像是两个部分在博弈，为的是产生足够以假乱真的画像；最后，得到了这样一幅画，肖像画的主角埃德蒙·德·贝拉米来自 18 世纪的德·贝拉米家族(La Famille de Belamy)，但其实这个家族并不存在，图画本身也只是贝拉米家族 11 张肖像画中的一张，也就是说，11 张肖像画都是 AI 虚构的。

有人说在看到这幅画时，其想到了 18 世纪法国洛可可画家、法兰西国王路易十五(Louis XV of France)的宫廷画师弗朗索瓦·布歇(Francois Boucher)的作品，可布歇的作品风格与《埃德蒙·贝拉米肖像》也不尽相似。可见人工智能绘画是在融合了大量作家风格的基础上生成的，这使得我们对生成的作品“眼熟”却无法确切辨认其风格与哪一位画师的风格相似。

2.2 《太空歌剧院》拔得头筹

由新型AI绘画工具“Midjourney”创作而成的一幅神奇画作——《太空歌剧院》(*Théâtre D’opéra Spatial*，又译《空间歌剧院》) 在美国科罗拉多州博览会的艺术比赛中获得第一名。这幅画作色彩丰满艳丽，形成冷暖色调的鲜明对比，且画面结构合理，结合了古典与科幻的元素，将17世纪欧洲歌剧院的场景与太空相融合，透过画面正中的圆形能够看到外面是具有未来色彩的高科技场景。画面中的女子身穿华丽服饰，站立于大厅中，面朝光亮的方向，极具圣洁和魔幻之感。

目前流行的这样一种小程序生成的绘画制作过程十分简单，我们只需要上传一张照片，输入不同的关键词及风格，如新海诚、仙侠、未来机甲等，几秒钟内即可生成符合所输入指令的画作。笔者也在抖音软件中尝试了AI绘画的功能，在上传了一张家庭合照后，照片中的主要人物被转化为动漫形态，甚至背景中不太清晰的人物，也被AI智能地转化成背景的一部分，变身为一个动物或窗户、花瓶等，画面精美，若非经过专业绘画训练的人仔细分辨，完全无法看出这张画作是AI绘制的。Midjourney也是如此，甚至它可以契合更精细的要求。如在摄影模块中，接到关于年份的描述时，它会主动匹配画作的样式与输入的年份要求，还可以按照用户的需求，模拟不同摄影设备的摄影效果，从而大大增加了辨别的难度。

3. AI绘画带来的伦理挑战

第一，当原本需要较高的禀赋及长年累月的训练才能达成的绘画技能，开始被仅需几秒即可完成的生成式人工智能冲击时，得到方便和享受的是普通人群，被挤占生存空间的是绘画行业的从业者，这就带来了人与技术之间“驯化”和“反向驯化”的问题。第二，AI作画的过程中爬取的素材多是由画师们自主上传的，其中不乏详细标注了所属分类和特点的素材，这就极大方便了人工智能的“窃取”。然而，这种“剽窃”行为是十分隐蔽的，AI在形成画作的时候并不是简单裁剪、拼合几个素材，而是利用计算机的天然优势，将大量的素材融合，尽量消减某一画师鲜明的个人风格，这就带来了人工智能作画的侵权问题。

3.1 “反向驯化”问题

人们在“驯化”高科技技术使之与自身结合，并更好地服务于人们的同时，也受到来自技术本身的“反向驯化”。

AI绘画极大地降低了艺术领域的准入标准，很多不拥有绘画技能的创作者，只需要头脑中产生想法，输入指令，即可得到想要的结果，若结果不尽如人意，还可以细微调整指令再次生成。技术赋权视角下，人人都可成为艺术家。[1]然而，由于算法及数据集成体系的强大，AI作画的水平已经远远超过大部分普通人的水平。对于那些本身就拥有绘画技能的人来说，使用AI工具能够更好地发挥自己的能力，如给予其创作方面的参考，提升其绘画作品的创造性和完善性。这是对技术工具的“驯化”，人们使用工具来延长自己的肢体，贡献更优质的生产力。

可是现状似乎反其道而行。“人工智能及控制设备在生产中的应用，对劳动者就业具有替代效应”。[2]人们担心AI绘画工具会导致绘画或设计领域面临巨大危机。首先，因为AI工具具有便利性，越来越多的需求可以直接通过AI解决，消费者与其选择昂贵的人工作画，不如选择价格低廉的 AI 工具。二者创作出来的结果，可能在专业人士眼中有云泥之别，但在普通消费者眼中并无太大差异。其次，不懂得绘画艺术却懂得使用 AI 工具的人，极大可能以“艺术家”的名义承接商业订单，把 AI 生成的作品伪装成手工艺术品，从而卖出高价，造成市场失衡。最后，目前的 AI 已经可以有针对性地学习某一画师的作品，如果用户在文生图描述中写下知名艺术家的名字，部分 AI 绘画模型甚至能识别并生成相应风格的绘画。[3] 艺术家们使用 AI 辅助创作时，生成的作品杂糅着其他艺术家的风格，传统创作者可能因此陷入保持自己风格还是吸纳 AI 提供风格的选择困境，有的失去了自己原本的标志性特征，有的对 AI 绘画带来的虚假或浮夸的绘画风格浪潮盲目追逐。这些都有可能导致传统创作者在 AI 万花筒中迷失自己，忘记原本的创作目的和意义，失去创作的动力和信心。

传统创作者们看到了 AI 创作对自己及本行业的冲击，深知其中的弊端，却又无力抵挡。AI 绘画的热潮已经席卷整个行业，创作者们在“驯化”和“反向驯化”中反复摇摆挣扎。

AI 绘画无需有像人类一样的审美水平，也不需要独立的思考，通过多个素材的截取和拼凑，“快速地抄袭”着人类艺术家的成果。虽说人类艺术家想要锻炼自身技能，也免不了学习以往杰出艺术家的作品和技巧，但与人工智能的学习速度无法相提并论。人工智能本身就是人类智慧的结果，因而，人工智能的最新范式生成式人工智能当然也是人类智慧的结果。从这个意义上来说，生成式人工智能本身就是人类智慧的体现。[4] 现今，生成式人工智能绘画要向人类引以为傲的艺术领域宣战，这是机器向人类自由意志发起的猛烈攻击。

3.2　著作权问题

“著作权案一般争议焦点都会集中在三个方面：一是涉案图片是否构成作品；二是原告是否拥有涉案图片著作权；三是被告行为是否构成侵权”。[5]

3.2.1　“作品”界定

根据《著作权法》规定，作品指“文学、艺术和科学领域内具有独创性并能以一定形式表现的智力成果”。

一方面，AI创作出来的“手绘风”图片与一般的画师创作出来的画作在表现形式上差别不大，都属于艺术领域的产物，并且具有“一定”的独创性，给“一定”带上引号的原因是AI创作过程很复杂，不是单纯的复制粘贴及拼接，也不是百分百原创，而是带有一定的融合创新——从其获取数据的方式中可窥见端倪。但是在内容生成阶段，AI绘画却有一定的创新性，经过模型训练的AI算法，其生成的图像杂糅着成千上万画师的风格。

另一方面，AI生成的图像是以一定形式表现的智力成果。AI绘画中包含了使用者的智力投入，使用者在AI模型中输入诸多提示词并设置相关参数，初步生成图片后，若有不满意的地方，还需要进一步增加和调整参数，从而最终生成满意的图片。从填入关键词到选定图片的全过程来看，“创作”中确实有一定的智力投入，并且这个投入过程对生成结果产生了影响。

3.2.2　侵权类型

在界定了AI绘画平台生成的图像属于作品后，需要判断该作品是否涉及侵权问题。AI绘画工具的工作模式大体上可以分为数据收集与预处理、模型训练和内容生成。[6] 在数据收集与预处理阶段，正如本文第一个案例中Obvious团队使用的算法，需要先将由 15 000 幅作于 14 世纪至 20 世纪的肖像画组成的数据集输入系统，然后生成器以此数据集为基础生成新的图像。这个过程中存在直接或者间接侵权的情况，AI 工具可能获取了被二次或多次传播的具有明确权益保护的数据，“尤其是目前人工智能采纳的数据如维基百科、推特等，有大量用户生成的内容（UGC），很少经过‘把关’程序”。[7] 笔者认为这个过程中的侵权行为主要体现在以下两个方面：

第一，擅自使用素材。在区别于 AI 绘画平台的其他画师交流平台中，为了获得更高的知名度或增加粉丝数量，部分画师会将自己的原创素材上传到公共平台，因为不是成型的作品，所以画师可能并没有注意到易被侵权的问题，从而导致这种交流平台成为天然的生成式人工智能素材训练库，只要该原创素材被 AI 工具爬取后进行图像和文本的开发训练，画师便在不知不觉中促进了生成式人工智能绘画的发展壮大。可以预见的是，AI 绘画所使用的大多数素材都没有得到原作者的同意，也未给予画师相应的权利尊重和收益分配。

第二，隐秘使用及篡改。这一类型对应的是 AI 绘画算法对画师成型作品的融合、模仿和拼接，我们可以称之为“洗稿”。与小说创作中的“融梗”相类似，不同的情节，如男女主相遇相知的方式、误会产生的原因等，在不同的小说中作为“梗”都有不同的表现形式，有的创作者没有经过个人的思考与创作，只是把不同小说中的“梗”杂糅在一起，替换掉一个事件的原因，续接上另一个事件的结果，一个“全新”的“梗”就产生了。每位画师都具有个人独特的风格，熟悉其风格的粉丝可以轻易看出，由此，算法会通过复杂的程序来避免被识别出，从而让受众觉得似曾相识却辨别不出具体来源。

2023 年 7 月 13 日，国家互联网信息办公室通过了《生成式人工智能服务管理暂行办法》，并于同年 8 月 15 日起施行，该办法在第一章第 4 条中明确指出："提供和使用生成式人工智能服务，应当遵守法律、行政法规，尊重社会公德和伦理道德。"[8]

4. 结论与启示

传统绘画是画师成年累月地学习和积累的成果，充斥着想象力和创作力的施展。而 AI 绘画是通过算法，将素材库中的图片按照用户输入的关键词去匹配相关素材而生成作品，即使算法十分复杂，也不具有人类创作主体所体现出的强烈的主体意识。

独创性是艺术的生命，个性是艺术的灵魂。在生成式人工智能的巨大冲击下，以上问题的出现提醒我们要正确对待人工智能技术的发展。在 AI 绘画发展泛滥的时代，不论是使用者还是与 AI 绘画处于对立面的传统创作者，要在新条件下生存与发展，就必须生成适应时代的相应素质，构建 AI 绘画背景下新的认知和接受能力，同时警惕其产生的问题，对未来社会进行新思考，并鼓起应对挑战的勇气。

参考文献

[1] 杨宇鹤:《AI 绘画的演化、影响与思辨》，载《传媒》2023 年第 17 期。

[2] 孙望书、孙旭:《人工智能将会"抢走"谁的工作？——异质劳动者的就业替代风险研究》，载《河北经贸大学学报》2024 年第 2 期。

[3] 刘书亮:《论 AI 绘画对文化创意领域的影响》，载《当代动画》2023 年第 2 期。

[4] 郭欢欢:《AI 生成物版权问题再思考》，载《出版广角》2020 年第 14 期。

[5] 简工博:《用 AI 绘画的人，享有著作权吗》，载《解放日报》2023 年 12 月 14 日，第 5 版。

［6］张惠彬、侯仰瑶:《从技术到法律：AI 换脸短视频的侵权风险与规范治理》，载《北京科技大学学报（社会科学版）》2024 年第 1 期。

［7］陈昌凤、张梦:《由数据决定？AIGC 的价值观和伦理问题》，载《新闻与写作》2023 年第 4 期。

［8］王祚:《AIGC 的侵权问题探析及对策——以 AI 绘画为例》，载《当代动画》2024 年第 1 期。

案例 7.3　世界首例：创建者欲为人工智能 DABUS 申请专利，遭多国专利局拒绝 *

1. 引言

人工智能的构想由来已久，早在17世纪，勒内·笛卡尔（René Descartes）就构思了一种完美模仿人类对话和行为的机器。自此以后，制造类人机器的尝试从未停止，而这种想法在工业革命之后尤其受到重视和激励。笛卡尔曾认为，人与机器的壁垒在于语言的使用，现今这一鸿沟正在被大语言模型跨越。那么，我们离完全的人工智能还有多遥远？

对这一问题的解决必然指向对人类独特性的理解。与笛卡尔时期的思想家相比，我们对人类及其他生命的了解要深得多——使用工具、运用语言或推理能力并不是人类的专利。然而，似乎仍有一些特质是人类特有的，如创新能力。

创新是人类社会进步和改善生活质量的核心能力，长久以来，创新成果来自人类自身的实践努力及聪明才智。随着人工智能的不断进步，人类利用人工智能进行创新成为现实。但拥有独立发明能力的机器是可能存在的吗？它是否会提高人类的创新能力？

一个名为 DABUS 的神经网络人工智能系统向我们提出了挑

---

* 本文作者为杨超，作者单位为同济大学人文学院。

战。该系统的创建者声称 DABUS 自主生成了两项发明，并且试图为它申请专利。这一案例将从多方面挑战我们对于人工智能系统的认知，促使我们重估 AI 的能力和社会地位。

2. 事件经过与争论

2019 年 7 月，美国想象引擎公司（Imagination Engines）创始人斯蒂芬·泰勒（Stephen Thaler）博士向美国专利商标局（USPTO）和欧洲专利局（EPO）提交了两项专利申请。特别的是，泰勒博士声称这两项发明是他的人工智能系统 DABUS 在没有人类帮助的情况下独立设计创造的，因此他希望将该系统列为发明人。

DABUS 全称是“Device for the Autonomous Bootstrapping of Unified Sentience”（统一感知自主引导设备），这一系统本质上是基于人工神经网络的电脑系统。根据想象引擎公司的介绍，DABUS 的灵感来自对人类大脑意识流的模仿，系统通过混沌的头脑风暴产生新的概念和行动计划，而从这种混乱的网络中涌现出的持续的概念流相当于大脑的意识流。DABUS 的目标就是从这些概念流中提取重要的概念，并加以强化。它的结构是一些彼此断联的神经网络，每个子系统都会对一些外部刺激或概念作出反应，从而对整个系统产生影响。一些重要的概念会同时激发多个子系统并将它们链接起来，从而产生强化的记忆并保留在整个系统中。于是随着时间的推移，这些独立系统会联合起来并产生创新思维。[1]

DABUS 申请的两项专利包括：

（1）一种食品容器，它的外壁具有分形轮廓，有利于彼此堆叠与增强摩擦力，以方便机械臂抓取。除此之外，高表面积的设计也能帮助提高热传递效率。这些特质可能在食品工业领域有所帮助。

（2）一种信号灯，它以特定模式发射光脉冲，可以与其他光源区别开来。这能够用于在复杂环境中搜索到需要帮助的人。

斯蒂芬·泰勒和他的团队以 DABUS 为发明人向多国提交了专利申请，美国专利商标局于 2020 年拒绝了该项申请，因为根据现行法律，专利中列出的发明人必须是自然人，DABUS 不在其列。[2] 欧洲专利局和英国知识产权局（UKIPO）以同样的理由拒绝了该项申请。[3] 美国专利商标局向泰勒博士提出折中方案，即将其本人列为这两项专利的发明人，但遭到泰勒博士的拒绝。[4]

不过故事并没有就此结束，在遭受美国、欧盟、英国专利局拒绝后，泰勒和 DABUS 在其他国家找到了转机。南非率先成为第一个授予人工智能专利权的国家。2021 年 7 月，南非专利局（SAPO）决定授予专利权并承认 DABUS 为该专利的发明人。[5] 同年 8 月，澳大利亚联邦法院也作出裁决，支持 DABUS 成为发明人，并且认定专利所有权属于人工智能发明人的所有者。[6]

3. 案件分析与讨论

人工智能专利权在南非得到率先突破并非偶然，与主流专利法不同，南非 1978 年第 57 号《专利法》将发明人称为“他”（him），在司法解释中，这个词指向的对象同时包含女性，并且没有排除人工智能作为发明者的可能性，这使得支持 DABUS 的判决成为可能。

澳大利亚紧随其后作出了支持判决。与南非相似，澳大利亚法律并没有对“发明人”（inventor）一词进行定义，因此该国专利法并不阻止人工智能系统成为发明人。澳大利亚联邦法院认为，将人工智能系统排除在“发明人”的含义之外将导致人工智能系统的任何发明都无法获得专利，而这与澳大利亚专利法促进技术创新的目标相悖。

针对人工智能取得发明权的一项反驳是，无法确认谁将获得发明专利的所有权，澳大利亚联邦法院也对此进行了反驳：发明者不一定是所有者，虽然人工智能系统可以是发明者，但它不可能是所有者，因为只有法律规定的主体才能够拥有所有权，但发明权只要求该人（或物体）创造一项可申请专利的发明。

与澳大利亚、南非的案例不同，欧洲专利局认为发明权作为一种补充权利，其本身就是一种所有权，由于人工智能无法拥有所有权，因此无法相应拥有发明权。不过这一解释存在一定漏洞，因为它假定发明人始终能够成为权利的承担者，而这一点不是必然的。例如，一位人类发明家在专利局通过其专利申请之前就去世了，如果他的专利申请最终通过，那么该专利的所有权将成为他的遗产并被移交至他的继承人。在这个案例中，作为发明人的死者在专利得到通过而产生专利所有权时，已经不再是法律认可的拥有所有权的主体，如果仍然要求将死者列为发明人，则意味着当发明专利得到批准时，发明权可以被授予非法律认可的主体，从而使人工智能享有发明权成为可能。不过，我们不能简单地将两种情况划为一类。因为在前种情形下，申报发明时的发明人身份依然是自然人，而人工智能则在申请的全过程中都不是法律认可的拥有所有权的主体，这在司法解释中可能存在差异。

美国专利商标局的拒绝理由则更为简单：美国《专利法》(《美国法典　第35编》）要求专利申请人仅为自然人。除此之外，美国《专利法》还规定，专利发明者需要声称或宣誓本人是该专利的原始发明人，而人工智能系统显然没有宣誓能力。与南非专利局的态度相反，美国专利商标局的裁决中指出，“将‘发明人’广义地解释为包括机器将与专利法规中涉及人和个人的简单解读相矛盾”。该裁决还援引了两件美国联邦巡回上诉法院的案例支持其主张，在这两例判决中，国家和公司都不能作为发明人。[7]

美国专利商标局强调，美国《专利法》将“构思”(conception)作为检验发明权的试金石，发明法被描述为“心灵活动”和“发明创造中心灵部分的完成”，而构思则被解释为“在发明人头脑中形成一个完整且有效的发明的明确且永久的想法”。美国《专利法》将构思和发明视为人类思维的结晶，而人工智能无法达到这一点。为了在美国将人工智能作为发明人，除非有效证明人工智能在发明过程中确实存在与人类类似的心灵活动，否则需要国会重新立法修改“发明人”的定义。而这两者都困难重重。

抛开对“发明人”一词的争论不谈，美国对人工智能专利权的拒绝也给出了一些重要的提示：人工智能的发明能力是否意味着人工智能正在拥有人类意识？如果不能的话，那么人工智能的算法如何在发明过程中体现自主性？以及，如果人类对发明创造作出了贡献，我们是否可以认为是人类以人工智能为工具进行了发明创造？

在澳大利亚联邦法院的判决中，人工智能在发明过程中的自主性是通过类比推得的，正如想象引擎公司所描述的那样，用于开发DABUS系统的机器学习算法是人工神经网络(ANNs)，其工作原理与人脑中发现的自然神经网络非常相似。既然基于自然神经网络的人脑具有构思能力并能进行发明活动，那么基于人工神经网络的DABUS理论上也可以。不过，通过人工神经网络和人脑之间的类比来论证人工智能具有构思能力可能过于牵强。[8]这一类比不过说明了人工神经网络的构建和设计过程中参考了人脑的特征，既无法说明人工神经网络拥有与人脑相似的能力和结构，又无法进一步证明人工神经网络有资格获得发明人身份。

对人工智能取得发明权的另一个辩护是，人工智能系统没有经过人类的干预就自行产生了可被用于专利申报的创意或结构。斯蒂芬·泰勒博士就声称，他没有给DABUS任何指令或指示，也没有给出任何需要解决的具体问题，他提供的是有关这个世界的常识，然后DABUS可以将各种想法组合在一起，从而获得启示。如果某个启示对于DABUS而言可能是有用的或是重要的，那么它会把该启示保存为记忆，并有可能将此类记忆结合起来，从而产生创造新产品的想法。[9]

然而，无论人工智能系统在多大程度上表现出独立性或自主性，发明过程都绕不开一个过程——选择并申报，而这是只有人类发明者才能做到的事。正是人类决定了人工智能发明中的哪些结构可能在现实中具有价值，从而导致人工智能在被认为具有心灵结构之前，都无法回避人类发明者在与人工智能相关的发明创造过程中所作的贡献。除此之外，在DABUS的案例中我们可能看到，两项发明专利并不具有明确的指向性。这两项发明分别对应一个分形图案和一段频率，其所具备的实用功能必须通过解释和实际尝试才能被发现。因此，我们并不能简单地认为人工智能正在像人类一样进行发明创造，就如同我们不认为蜂窝的六角形结构是蜜蜂的发明创造一样。尽管如此，正如泰勒博士和澳大利亚联邦法院所称，在这些发明的创造过程中，人工智能系统生成的内容占据了工作的主要部分，因此也不能仅仅通过人类发明者的存在而否定人工智能的发明权。综上所述，人工智能在发明过程中的地位依然是一个尚未完全解决的问题。

确认人工智能在发明过程中的地位或权利可能会成为未来发明创新领域的一个重要问题。不仅仅是DABUS所提出的工业设计，现如今，数以万计的药品和化学制品的结构有赖于人工智能的演算和发现。由于各国专利法都严格禁止伪造发明者身份，如果这些结构被成功运用于现实领域，就必须确定发明权的准确归属。简单地通过阐释“发明人”的适用范围来判断人工智能是否具有发明权，可能会忽略发明过程中人机互动和合作行为的重要性。

同时需要注意的是，尽管部分国家允许将人工智能作为发明人，但这还停留在对“发明人”的补充解释上，尚未有法律或判决肯定人工智能拥有人类的法律权益。尽管创造能力似乎指向了某种人格或主体性，但这并不必然指向法律上的权利。从道德角度来看，即使人工智能在某种意义上被认为拥有意识，也只能使它获得与高等动物类似的道德地位，而要达到人格权，人工智能可能还需要拥有人类的全部情感和建立关系的能力。人工智能的发明权，至少目前为止还是来自法律上的特殊解释，并不代表人类意识和权益。[10]

人工智能的发明权同样引发我们对专利制度本身的思考。正如澳大利亚联邦法院所指出的，专利体系旨在激励创新。在现代，创新本身是一个代价颇高的过程，专利权使持有人在一定时间内对该发明具有垄断权，这样才能弥补其创新过程中所付出的代价。因此，专利权的合法性来自对创新行为的保护。

然而，人工智能不受到人类创新成本的限制。一旦我们允许人工智能随意进行发明创造，可能会因为发明创造的速度足够快或成本足够便宜，以至于基于保护发明人目的的专利权变得不再必要。如果在此情况下依然坚持专利法，那么可能造成恶性竞争或者垄断。假定我们允许一个强大的发明型人工智能拥有其创造的发明的垄断权，那么拥有它的公司可能会借此拥有过大的垄断能力或影响力，这将产生不可估量的社会危害。因此，我们必须重新估量人工智能取得专利权的有效性和必要性。

参考文献

[1] European Patent Office, *Decision of 27 January 2020 on EP 18 275* (Jan.27, 2020), https://register.epo.org/application?documentId=E4B63SD62191498&number=EP18275163&lng=en&npl=false.

[2] UKIPO, *Decision in re BLO/741/19* (Dec.4, 2019), https://vlex.co.uk/vid/decision-n-741-19-841244279.

[3] Patrick Alex, *SA First to Award Patent Recognising Artificial Intelligence As Inventor* (Jul.30, 2021), https://www.timeslive.co.za/news/south-africa/2021-07-30-sa-first-to-award-patent-recognising-artificial-intelligence-as-inventor/.

[4] Thaler v Commissioner of Patents, FCA 879 (2021).

[5] Thaldar Donrich, Meshandren Naidoo, *AI Inventorship: The Right Decision?*, South African Journal of Science, Vol.117:11–12, 1–3 (2021).

[6] Matulionyte Rita, *AI as an Inventor: Has the Federal Court of Australia Erred in DABUS?*, Journal of Intellectual Property, Information Technology and Electronic Commerce Law, Vol.13:2, 99–112 (2022).

[7] Matthew Horton, Kim Austin, *Inventorship: Why AI Is Not Smart Enough Yet*, Managing Intellectual Property, Vol.286, 19 (2020).

[8] United States Patent and Trademark Office, *Decision on Petition in re Application of Application No.16/524,350* (Apr.27, 2020), https://www.uspto.gov/sites/default/files/documents/16524350_22apr2020.pdf.

[9] Erika K. Carlson, *Artificial Intelligence Can Invent But Not Patent-for Now*, Engineering, Vol.6:11, 1212–1213 (2020).

[10] Comer, Anna Carnochan, *AI: Artificial Inventor or the Real Deal*, North Carolina Journal of Law & Technology, Vol.22:3, 447 (2021).

第八章

医用人工智能的伦理思考

案例 8.1　英国首例机器人心脏手术致死事件及其引发的思考 *

1. 引言

手术机器人是集医学、机械学、生物力学及计算机科学等多学科于一体的医疗器械产品。完整的手术机器人系统由计算机集成的手术系统与医疗机器人组成，能从视觉、听觉和触觉上为医生进行手术操作提供支持，有效提高手术诊断和评估、靶点定位、精密操作和手术训练的质量，缩短患者康复周期。[1]

机器人手术（robotic surgery）与传统手术相比，其优势主要是机器定位准确、无抖动、高精度，在特定作业下错误率小、创口小，性能稳定。虽然目前大多数可用的机器人系统只能在医疗程序中起到机器人辅助的作用，但其影响仍然不容忽视。机器人在医疗领域的引入，带来了一系列新的伦理问题。随着医疗手术机器人的迅猛发展，人们不禁思考：医疗机器人能否承担道德责任？面对手术机器人带来的伦理问题，人们又该如何应对？

2. 手术机器人技术的应用与发展

机器人手术即机器人协助的外科手术（robot-assisted surgery,

---

* 本文作者为姚月，作者单位为上海交通大学科学史与科学文化研究院。

RAS)。现代意义上的机器人手术可追溯到20世纪80年代。1985年，PUMA200作为第一个被用在人体上的手术机器人，被首次应用于神经外科的活检手术。[2]尽管当时只能实现简单的定位切割等操作，其仍为手术机器人的发展奠定了坚实的基础。1993年，AESOP机器人开始被应用于普通外科的腹腔镜手术。1998年，ZEUS系统开始被投入使用，最初被用于输卵管吻合术，随后被应用在普通外科、泌尿外科及心脏外科手术中。2001年，ZEUS手术机器人第一次实现了跨越大西洋的远程手术。2000年，DaVinci机器人被FDA批准问世，主要应用于泌尿外科前列腺癌的根治切除术和妇科的良性肿瘤切除。[3]经历多年的发展，DaVinci机器人已经实现了四代进化。

在过去的20年中，由于先进技术的出现，机器人的应用场景数有了显著的增长。目前，在机器人辅助手术中占主导地位的是达芬奇系统。2020年，全球有5 700多个达芬奇手术机器人被投入使用，分布在美国、欧洲、亚洲和世界其他地区。[4]2018年，FDA批准SP系统用于治疗泌尿外科患者。自此以后，有多份病例报告展示了通过机器人进行泌尿外科手术的方法，包括前列腺切除术、供体肾切除术和膀胱切除术。[5][6]目前，FDA已经批准将达芬奇手术机器人系统用于成人和儿童的普通外科、胸外科、泌尿外科、妇产科、头颈外科，以及心脏手术。目前，在泌尿外科手术中，机器人前列腺癌根治术（RARP）渗透率已超过85%。[7]

3. 事件经过与争论

2015年2月，斯蒂芬·佩蒂特（Stephen Pettitt）在纽卡斯尔弗里曼医院接受了“开创性外科手术”，手术由苏库马朗·纳伊尔

（Sukumaran Nair）主刀。手术结束几天之后，斯蒂芬不幸去世了。验尸官卡伦·迪尔克斯（Karen Dilks）认为，佩蒂特死于二尖瓣疾病手术的并发症，部分原因为手术是通过机器人辅助进行的。在这次医疗事故中，被使用的机器人是美国加州公司 Intuitive Surgical 生产的产品达芬奇手术机器人，这台机器人主攻微创手术，被福布斯网站称为目前市面上“最成功的手术机器人”。

一时间，英国机器人手术致死案引起了巨大轰动。伦敦盖伊和圣托马斯医院（Guy’s and St Thomas’）的心脏外科顾问大卫·安德森（David Anderson）教授告诉纽卡斯尔听证会，佩蒂特的心脏手术风险因素在正常情况下仅为 1%—2%。也就是说，如果不使用手术机器人，按照传统方式进行手术，佩蒂特将会有 98%—99% 的存活希望。[8]

那么手术过程中究竟发生了什么？既然传统手术的成功率已经很高，使用手术机器人的意义何在？手术机器人真的是催命的符咒吗？据调查，手术过程中，由机器人操作的病人心脏的缝合位置和方式都不对，必须拆除缝线，重新缝合。在此过程中，机器人还戳穿了患者的大动脉。术中出血溅到了手术机器人的摄像头上，使得主刀医生看不清病人心脏创口缝合的具体情况。与此同时，由于机器人主机运作声音过于嘈杂，主刀医生交流只能靠吼，手术期间机械臂还几次打到医生的手。当他们想要向原本应该在场的两位机器指导人员求助时，却发现指导人员已经不在场了。无奈之下，纳伊尔和助理便将机器人手术转为传统的“人工”手术。然而，当他们想要重新修补时，患者的心脏已然处于非常“衰弱”的状态了。

在对该案件进行详细调查的过程中，有几个问题引起了人们的关注。第一，主刀医生纳伊尔在手术准备阶段错过了机器人的使用训练，并没有完全掌握操作机器的技能。手术中使用的达芬奇手术机器人缝合错了位置，是主刀医生操作不当导致的。这是手术失败的主要原因。同时，手术过程中出现的“主机声音太大”“麦克风声音太小”等情况，虽然不是手术人员直接导致的，但类似情况应该在手术前做好应对措施。第二，手术过程中机器指导人员提前离场，这是严重的失职。据事后调查，这两位机器指导人员无相关资质，没有权利对英国的病人进行临床手术。也就是说，即使当时两位指导人员在场，他们接管手术也属于违规操作。第三，主刀医生并没有将手术风险充分告知患者。主刀医生纳伊尔称，他曾明确告诉患者，手术将成为英国第一例由机器人进行的二尖瓣修复手术。纳伊尔向患者解释过风险，但没有告知患者第一例机器人二尖瓣修复手术的风险有多大。纳伊尔称，在一个国家开发这项技术，是作为一名创新型外科医生希望做的事情。然而，尖端医疗 AI 技术的展示，不应该以患者的生命为代价。佩蒂特的心脏手术风险因素在正常情况下仅为 1%—2%，而第一例机器人二尖瓣修复手术的风险则大得多。两种手术的风险利弊应该在手术前被充分告知患者。

4. 案例分析与讨论

手术机器人被越来越多地引入外科手术之中，且已成为不可阻挡的趋势。与此同时，针对机器人手术引发的医疗事故，人们应该如何看待？与传统手术相比，机器人手术将会带来哪些新的问题？

4.1 技术层面

手术机器人的技术安全问题是患者最关心的问题。目前，手术机器人引发的事故，比如“机器人短路走火”“机器零件掉入人体体内”等，都属于机器技术性问题，此类问题可以通过技术改良得到解决。事实上，现代医学的很多技术都存在技术故障的可能性，技术故障的问题并不是手术机器人特有的。然而，手术中有些问题的产生与手术机器人脱不了关系，比如，术中出血溅到手术机器人的摄像头，从而影响操作视线。有些问题在传统手术和机器人手术中都可能存在，比如手术过程中突然断电，不过，在机器人手术中，突然断电带来的风险远比传统手术要大。目前，手术机器人技术尚没有发展成熟，不具备应对特殊状况的自主调节能力。手术过程中一旦发生安全隐患，手术机器人的机械臂无法像外科医生一样凭借临床经验作出自主性调整。值得注意的是，有些问题虽与技术安全性问题息息相关，但并不属于技术安全的范畴。比如人为因素引发的问题，包括操作失误、安全意识薄弱、人员管理不当等。目前，投入使用的手术机器人主要还是由医生操控的，因为医生操作不当而导致的问题，不属于技术安全性问题。

4.2　制度层面

首先，手术机器人的使用，需要在对医护人员进行严格的技能培训之前提下进行。手术机器人属于高精度的医疗 AI 设备，医院需要对医生进行全面培训，以确保手术安全。其次，要对医生的机器人手术资质进行严格审查。我国机器人外科的发展起步较晚，2017 年 2 月 26 日，我国首个达芬奇手术机器人国际培训中心在海军军医大学附属长海医院成立，打破了以往需赴国外培训的制约，加强了国内相关人才的培养力度。[9] 然而，目前国内相关人才仍非常短缺，具备机器人手术资质的医生少之又少。再次，要对培训中心进行严格的规范和审查。最后，政府要加强相关的制度建设，提高监管力度。在制度层面健全相关法律法规，方能实现手术机器人技术的快速良性发展。

4.3　伦理层面

手术机器人的应用带来了一系列新的伦理问题。

第一，如果发生医疗事故，手术机器人能否承担道德责任？手术机器人是一个技术辅助系统，从其运行原理来看，虽然手术机器人直接接触患者并实施手术，但控制并实施手术的主体仍然是外科医生，手术的成功需要医生和机器的有效配合。手术机器人造成的医疗损害事故，有的可能是外科医生操作失误导致的，有的则可能是产品设计缺陷或机器质量问题引起的。一般认为，手术机器人自身质量问题造成的损害事故应该由生产厂商负责，而在手术过程中发生的操作不当应该由医生承担主要责任。就目前手术机器人的发展程度来看，能够自主进行手术过程的机器人尚不存在，因此，手术机器人与传统的手术工具相比，并没有本质的不同。但在未来，随着手术机器人自主性的提高，不需要外科医生在场或监督的，可以独立地执行外科手术的机器人系统肯定会出现。到那时，一种全新的医疗责任体系与道德框架将会对现有的体系框架发起冲击，这将引起一场全面的范式转换。

第二，手术机器人的使用引发了新的信任危机。传统的手术由医生通过双手进行，患者会尽可能选择“经验丰富”的医生。手术之前，医生与患者之间已经建立了某种信任关系，并对手术可能产生的结果有所预期。而手术机器人的使用，将会打破这种传统的信任机制。在机器人手术中，患者不仅要信任医生，还要信任机器，而让患者信任复杂的、其毫不了解的机器是很难的，尤其是这种机器不仅被用于检查，还被直接用于手术操作。

第三，手术机器人的使用可能会带来患者隐私被泄露的风险。手术机器人需要采集、储存和传送患者的大量个人基本信息、病理信息、手术过程信息和生物基因等敏感性私密信息。手术机器人的生产维修厂商、医务工作者、医疗机构及相关信息技术部门都可能会接触到这些信息。因此，患者信息的安全管理是手术机器人使用过程中不可忽视的重要环节。

第四，公平问题。手术机器人的研发周期非常漫长，这是一个高风险、高投入的产业。目前我国大部分医院使用的都是由国外进口的达芬奇手术机器人，此类机器人的成本在 100 万美元左右，而国内进口的价格还要再贵大约三倍。除去机器本身的购置费用，其维护成本也居高不下，从而导致机器人手术的费用高昂。鉴于现有的医疗条件与经济发展水平，有条件使用手术机器人的医院大部分集中在经济发达、人口密集的发达城市。地域上的不平等，加上贫富差距，使得该技术在短时间内只能惠及部分群体。手术机器人的发展可能会激化医疗资源配置的矛盾，如何贯彻医学的公正原则是现阶段需要解决的另一个难题。

参考文献

[1] 前瞻经济学人:《2023 年中国手术机器人市场现状分析》，载 https://baijiahao.baidu.com/s?id=1766568295766140458&wfr=spider&for=pc，2024 年 3 月 6 日访问。

[2] Kwoh Y.S., Hou J., Jonckheere E.A., Hayati S., *A Robot with Improved Absolute Positioning Accuracy for CT Guided Stereotactic Brain Surgery*, IEEE Trans Biomed Eng, 1988, 35 (2):153–160.

[3] Marescaux J., Leroy J., Gagner M., Rubino F., Mutter D., Vix M., et al., *Transatlantic Robot-assisted Telesurgery*, Nature 2001, 413 (6854):379–380.

[4] LaMattina JC., Alvarez-Casas J., Lu I., Powell JM., Sultan S., Phelan MW., et al., *Robotic-assisted Single-port Donor Nephrectomy Using the Da Vinci Single-site*

Platform, J Surg Res 2018, 222:34–38.

[5] Gaboardi F., Pini G., Suardi N. et al., *Robotic Laparoendoscopic Single-site Radical Prostatectomy (R-LESS-RP) with Da Vinci Single-Site Platform*, Concept and Evolution of the Technique Following an IDEAL Phase 1. J Robot Surg 2019; 13 (2):215–226.

[6] 龚朱、杨爱华、赵惠康:《外科手术机器人发展及其应用》，载《中国医学教育技术》2014 年第 3 期。

[7] Hale GR., Shahait M., Lee DI., Lee DJ., Dobbs RW., *Measuring Quality of Life Following Robot-Assisted Radical Prostatectomy*, Patient Prefer Adherence 2021 Jun.23; 15:1373–1382.

[8]《英国首例机器人心脏手术致死：机器“暴走”打人，主刀医生训练不足》，载前瞻网，https://baijiahao.baidu.com/s?id=1616647940823233545&wfr=spider&for=pc，2024 年 3 月 6 日访问。

[9] 刘意抒、蔡丽萍、李建萍:《达芬奇手术机器人培训开展情况分析》，载《解放军医院管理杂志》2018 年第 7 期。

案例 8.2　当手术机器人沦为“敛财工具”——以湘雅二医院刘翔峰事件为例 *

1. 引言

近年来，手术机器人行业发展迅猛，根据法国市场调研公司 ReportLinker 发布的《2023 年手术机器人全球市场报告》(*Global Surgical Robortics Market Overview 2023—2027*) 数据可知，全球手术机器人市场预计将从 2022 年的 56.8 亿美元增长到 2023 年的 66.8 亿美元，预计到 2027 年，手术机器人市场将达到 127.3 亿美元。[1] 中国手术机器人的发展相较于国际先进水平起步稍晚，目前我国大部分医院使用的都是由国外进口的达芬奇手术机器人。高昂的设备购置费用和维修费用，使得一场机器人手术的价格不菲。高昂的手术费用，以及公众对机器人手术普遍存在的认知鸿沟，使得手术机器人领域存在很多灰色地带，由此也引发了一系列社会问题。

2. 事件经过与争论

2022 年 8 月 14 日，有网友举报中南大学湘雅二医院副主任医师刘翔峰医疗作风存在严重问题，随后，越来越多的病患及家属陆

---

* 本文作者为姚月，作者单位为上海交通大学科学史与科学文化研究院。

续在网络上发声，一时引起轰动。随着社会舆论的发酵，相关部门开始展开调查。调查显示，刘翔峰频繁对已无手术指征的病人施以高额治疗；频繁对急诊病人进行机器人手术，收取高额费用；过度要求患者做化疗；将未患癌症的患者的胰腺切除，弄虚作假哄骗家属，等等。[2] 2022 年 8 月 18 日，湘雅二医院停止了刘翔峰的工作，免去其创伤急救中心副主任职务。8 月 26 日，湖南省卫生健康委、中南大学联合调查组通告刘翔峰存在严重违法行为，相关问题被移交纪检监察部门。截至目前，尚无刘翔峰案件的官方判决结果，但其违法行为属实，产生了恶劣的社会影响。刘翔峰多次劝导患者使用机器人手术的行为，也将手术机器人技术推到了风口浪尖。手术机器人这一先进的医疗技术何以变成了“敛财”工具?

3. 案例分析与讨论

3.1 “天价”的机器人手术

国内机器人手术费用高昂，根据手术需求的不同，费用也有所不同。前列腺癌机器人手术的平均费用在 6 万元—8 万元，肾上腺肿瘤机器人手术的费用一般在 5 万元—8 万元。目前，北京、上海针对机器人手术出台了相关政策，医保可以进行部分报销，但有相关限制。在国内其他城市，机器人手术属于全自费项目。部分中高端商业保险将手术机器人列为参保项目。除去机器本身的购置费用，其维护成本也居高不下，从而导致机器人手术的价格不菲。一场手术少则几万，大则一二十万，对于医院可言是一笔可观的收入，但这些费用最终还是要由患者来买单。要想降低价格，可以从两方面入手。第一，降低设备成本和耗材成本；第二，降低人员成本。从根本上来说，要想降低价格，就要打破技术壁垒，研发国产手术机器人。虽然我国在手术机器人领域起步较晚，但近年来多家科研机构和企业陆续研发出适用于各种场景的国产手术机器人，国家也大力支持手术机器人的发展。不过，国产手术机器人要实现商业化还有很长的路要走。

以达芬奇手术机器人为例，想要实现国产手术机器人的快速发展，尤其要打好“专利战”。专利是技术层面的演化，规避设计风险、占据市场率都需要专利的辅助。达芬奇手术机器人在腔镜机器人领域“叱咤风云”恰恰得益于专利。达芬奇手术机器人共经历了四次技术迭代，而每一代机器人的发展都伴随着一系列技术专利。以第三代达芬奇手术机器人 Si 系统为例，2009 年，Intuitive Surgical 公司申请了双控制台、模拟控制器、术中荧光显影等技术专利。客观来讲，Intuitive Surgical 公司知识产权相关工作做得非常完善，全球及国内各大手术机器人厂商也可以将达芬奇手术机器人作为重要的标杆和对照，联动产学研医生多方力量，不断创新，以推动中国手术机器人行业更智能化、精准化、微创化的发展。

另外，手术机器人是一个多学科高度集中的产品，研发周期长，临床要求高，各方面人力资源也紧张稀缺，这些都需要大量的资本投入，因此，手术机器人从资本市场来讲其实就是“谁的资本强谁成功率大”。由此看来，国内手术机器人市场的发展既要打好技术战、专利战，又要打好融资战。

作为一种高端医疗，手术机器人技术和其他前沿医疗技术一样，难以在短时间内实现技术下沉，由此会引发医疗资源上的不公平问题。高昂的费用使得该技术在短时间内只能惠及部分群体，因此可能会激化医疗资源配置的矛盾。如何贯彻医学的公正原则是现阶段需要解决的一个难题。

3.2　公众的认知缺失

价格高昂的机器人手术就一定是好的吗？以目前手术机器人的发展程度来说，答案是否定的。衡量一场手术成功与否，需考虑多种因素。除了价格之外，最重要的衡量因素就是手术疗效。而手术疗效又与手术精准度、手术时间等因素相关。一般情况下，人们认为机器人手术的价格更高，但是在手术的精准度、耗时、耐力等方面，都是机器人占上风。然而，大量的研究表明，人类医生在外科手术方面的某些表现仍然远胜于机器人，相比于机器人，人类医生完成手术的时间更短，失误率也不高。美国斯坦福大学泌尿外科副教授本杰明·钟（Benjamin Chung）团队对 2006 年至 2012 年年间，美国 416 家医院进行的 25 000 场手术的相关资料进行分析。他们发现，在所有接受人类医生进行肾切除微创手术的病人中，只有 28% 的病人的手术过程超过 4 个小时。相较之下，在所有接受机器人手术的病人中，有将近 46% 的病人的手术时间是 4 个小时以上。

手术机器人的应用经过近 40 年的发展，在外科手术中已经占有很大的比重，但机器人并非适用于所有类型的手术。目前，临床上手术机器人的适用科室主要是泌尿外科、心胸外科、妇科、腹部外科、肝胆外科等。首先，对于一些人工开刀很容易处理病灶的患者而言，如果医院为了展示所谓的“高端技术”而频繁使用手术机器人，是没有必要的。其次，机器人不能进行牵涉敏感神经的手术。以达芬奇手术机器人为例，机器人在操作过程中没有触觉反馈，而触觉反馈对于牵涉敏感神经的手术而言是非常重要的。最后，机器人存在未知的安全风险。目前已有相关报道记载，使用达芬奇手术机器人进行心脏二尖瓣修复手术之后，体内的金属颗粒有所增加，另有病人出现了暂时性的神经症状。虽然现在还没有直接的证据表明这类症状与机器人手术有直接关系，但是对于机器人手术来说，未知的安全风险是可能存在的，对此我们要抱有谨慎的态度。

是否应该使用手术机器人，要根据具体情况而定。但是，目前没有明确的标准规定哪些情况应该使用手术机器人，而哪些情况不能使用。不同医院的医疗资源不尽相同，医生之间的专业水平也因人而异。在这样的背景下，医生在其中有很大的操作空间。患者对于手术机器人的必要性并没有充分的认知，往往会参考医生的建议，或许这也是刘翔峰能够数次成功将昂贵的机器人手术推荐给病患的原因。患者对手术机器人存在普遍的认知缺失，这一点是值得人们高度关注的，比如对手术机器人适用手术类型的认知缺失，对机器人手术安全性的认知缺失，等等。部分患者一提到机器人手术就担心害怕，也有患者认为贵的就是好的，因此盲目迷信机器人手术的疗效，这些都是不可取的。

昂贵的手术费用，以及公众对机器人手术普遍存在的认知缺失，使得部分黑心医生获得了从中牟利的机会。如何对手术机器人的使用进行有效的行业监管成为当务之急。

3.3　刘翔峰的“敛财”之路

如今，受制于设备成本高昂与医生资质不足等原因，国内的手术机器人主要在中高端医院中得以应用，其中以三甲医院居多。进行机器人手术的外科医生不仅要有丰富的临床经验，还要接受相关培训以获取手术资质。中南大学湘雅二医院就符合手术机器人应用的标准。2022 年 6 月，湘雅二医院发布公开信息称，自 2015 年 10 月引入达芬奇机器人手术系统以来，湘雅二医院已将其广泛应用于肝胆胰外科、胃肠外科、泌尿外科、妇科及胸外科等科室，截至2021年12月底，各科室累计达芬奇机器人手术总量分别为胃肠1 757台、胸外1 544台、泌外1 364台、妇科424台、肝胆391台，总量逾5 500台，其中，2021年的手术总量达1 964台，全国排名第五，胸外科790台，居全国第一。[3]

由此可见，湘雅二医院在手术机器人的使用方面具备资质，且发展得非常好。刘翔峰所处的科室是肝胆外科，而肝胆外科恰好是各方面都很符合机器人手术指标的科室。在外科手术中，医术之间的差距在越复杂的手术中体现得越明显，一些精细的操作，需要无比精细的双手，这就是手术机器人存在的意义，它可以帮助经验不足的医生创造更好的手术条件。不过，对于一些经验丰富的医生来说，有时候机器臂完全不如自己的双手好用。问题在于，手术机器人的价格太过昂贵，从产业的角度来说，我国目前不具备议价能力。如果我们用相同的成本去培养医生，而不是购置机器，效果是否会更好？首先，机器人手术必定是未来发展的大方向，这是毋庸置疑的。然而，短时间内我们也要算一笔账，盲目跟风并不可取。如果是通过严格的技能培训，通过人类双手就能完全胜任的手术，就无需机器人“上场”。虽然肝胆外科恰好是各方面都很符合机器人手术指标的科室，但是机器人手术并非适用于所有患者。刘翔峰的问题在于，推荐患者进行不必要的机器人手术，从中牟取暴利。当然，刘翔峰的敛财渠道还有很多，只是恰好碰上了机器人手术这个高消费的医疗服务渠道，使得手术机器人沦为敛财工具。

3.4　结论与启示

医院要搞创收，但医生也要坚守医德。刘翔峰的一系列违反医德甚至违法犯罪的行为，并非个案。事实上，医生违规创收并不是个别行为，而是一种制度现象。多年来，中国几乎所有公立医院的科室分配，采取的都是这样一种基本模式：收入减支出，截余后提成。院方每年给科室下达一定的创收任务，科室完成创收任务之外的部分，需再扣除设备、水电、房租等成本，剩下的才归科室，然后由科主任做主分给医生。通常而言，科主任因为有创收压力，也要鼓励医生赚钱，因为在本科室内也多是依据创收能力进行奖金分配。该分配制度在中国的公立医院中已经运行了几十年，虽然备受诟病，卫生部门也曾试图对其进行制约（比如禁止把创收直接与医生收入挂钩），但并未在根本上改变该分配制度。在这样的医疗背景下，机器人手术就与创收高度挂钩，其结果就是医院进行了大量非必要的机器人手术。而对于部分患者来说，机器人手术或许并非第一选择。

从长远来看，手术机器人为外科手术的形式带来了革新，改变了传统医疗救助的模式，提高了医疗手术的精准度和效率，但随之而来的一些社会问题也值得人们深思。一方面，目前，我国大部分医院使用的都是从国外进口的达芬奇手术机器人，成本昂贵。高昂的价格进一步引发了医疗资源上的不公平问题，激化了医疗资源配置的矛盾。另一方面，公众对手术机器人这一前沿技术的了解不足，存在认知偏差。在现有的医疗制度背景下，部分医生看到了从中牟利的空间，从而导致大量非必要机器人手术的出现。从长期来看，机器人手术是未来发展的大方向，但是技术的下沉需要时间，在此期间产生的社会问题需要伦理审视和制度修正。随着手术机器人技术的不断成熟和伦理监管机制的日益完善，相信手术机器人将大力促进医学事业的发展，更好地为维护人类生命健康服务。

参考文献

[1] ReportLinker, *Global Surgical Robotics Market Overview 2023—2027*,

载 https://member.reportlinker.com/next/search?date=3y&query= surgical+robot，2024年3月6日访问。

［2］《湘雅二医院医生停职背后：举报内容令同行咋舌》，载光明网，https://guancha.gmw.cn/2022-08/20/content_35966938.htm，2024年3月6日访问。

［3］《湘雅“黑心医生”背后，2 000万一台的手术机器人沦为“敛财工具”》，载智次方，https://baijiahao.baidu.com/s?id=1742583995362851389&wfr=spider&for=pc，2024年3月6日访问。

案例 8.3　默认有罪：谷歌 AI 误判医疗照事件引发的问题 *

1. 引言

互联网的广泛普及使得儿童性虐待材料出现大量且反复的传播。儿童性虐待（child sexual abuse，CSA）是一种带有感情色彩的犯罪，儿童性虐待材料（child sexual abuse material，CSAM）是儿童遭受身体性虐待的产物。因此，越来越多的科技公司对互联网用户的私人信息、文件和普通人的照片进行扫描和检测，并将这些数据与政府数据库进行核对，这也被认为是识别和帮助受害者的重要手段。然而，儿童性虐待线上监管面临一个特别的挑战。2021 年 3 月 24 日，欧盟委员会通过了全面的《欧盟儿童权利战略》，其中提出了保护儿童免受一切形式暴力（包括网络虐待）的强化措施。此外，该战略要求各科技公司继续努力从其平台和服务中发现、报告和删除非法在线内容，包括 CSAM。2022 年 5 月 11 日，欧盟委员会提议，责成在线电子服务提供商全面且不加以区分地自动搜索所有私人聊天、消息和电子邮件，以查找疑似有关 CSAM 的内容。美国的在线电子服务提供商在发现儿童性虐待材料或“明显的儿童色情制品”时，必须依法向美国热线（CyberTipline）报告。[1]

客户端扫描（Client-Side Scanning, CSS）指通过某些形式的技

---

* 本文作者为吴乐倩，作者单位为大连医科大学人文与社会科学学院。

术实现，开发一种在用户发送照片和信息之前（或在另一个用户收到之后）对其进行扫描，以确定有关图像或信息是否违反法律禁令的系统。[2] 最常见的设定包括，在用户使用通信应用程序发送包含儿童性虐待图像的加密文件之前，对该文件进行扫描。该图像将与已知的非法图像清单进行对比，并在发送之前被拦截。在关于如何限制 CSAM 传播的激烈讨论中，客户端扫描被视为极具前景的技术。CSS 包括加密哈希算法（cryptographic hash algorithm）、感知哈希算法（perceptual hash algorithm），以及机器学习（machine learning）技术。然而，CSS 技术并不是完美的，扫描可能会出现错误，而这些错误可能会导致针对虐待儿童的不实指控，使用户的账户和数据被错误地永久删除。不仅如此，这种类型的扫描在人们所使用的科技产品中越来越普遍，并将进一步扩大其覆盖范围，甚至可以检查用户最私密、加密的对话。在数字时代，人们的数字空间成为生活的重要部分，监视人们数字生活的行为引发了有关隐私保护问题的反思。

2. 事件经过

谷歌曾在 2018 年表示，它已经开发了一种人工智能工具，能够快速地检测和删除儿童性虐待材料，并且其团队和技术方面一直与互联网观察基金会等专家组织密切合作，以打击儿童性虐待材料的在线传播。[3] 通过使用深度神经网络进行图像处理，优先考虑最有可能的 CSAM 内容，来帮助审阅者对众多图像进行排序，并定位以前未被标记为非法材料的图像。从而快速识别新图像，使遭受性虐待的儿童更有可能被识别并受到保护，以免受进一步的虐待。

2021 年 8 月 21 日，《纽约时报》报道了一则关于医生父亲因拍摄年幼儿子下体肿胀情况的照片而被谷歌 AI 标记为罪犯，并造成严重损失的事件。[4] 2021 年 2 月，全职父亲马克发现蹒跚学步的儿子下体肿胀伴有疼痛。次日，由于正处于 COVID-19 大流行期间，在他们接受视频紧急咨询后，为了方便医生提前查看，护士要求他们在医院系统中上传感染部位的照片。于是，马克的妻子使用其丈夫的手机，拍摄了儿子腹股沟部位的照片。为了更好地显露肿胀部位的情况，其中有一张照片可以看到马克的手。在照片的帮助下，医生进行了诊断并开了抗生素，得到救治的儿子也痊愈了。然而，正是拍了儿子下体肿胀的照片并上传医院系统这一举动，给马克带来了更大的问题。给儿子拍照两天后，他的谷歌账号就因涉及发表“严重违反谷歌政策，且可能是违法”的“有害内容”，包括“儿童性虐待和剥削”而被禁用。

马克曾担任一家大型科技公司自动化工具的软件工程师，负责删除用户标记为有问题的视频内容，因而他猜想可能是自己拍摄并在医疗系统中上传了儿子感染情况的照片，使得谷歌认为这涉及儿童色情内容，从而禁用了他的账号。他认为这类系统通常会有审核人员审查 AI 标记的照片，以进一步确认这类照片符合联邦关于 CSAM 的定义，只要及时解释，便可以解决这一问题。于是，他填写了表格，解释自己儿子感染的情况。然而，谷歌的拒绝就像多米诺骨牌效应一般，他失去了电子邮箱、朋友和同事的联系信息，以及关于儿子的生活记录，他的谷歌 Fi（谷歌北美虚拟运营商为基础运营的全球化的移动网络服务）账户也被关闭。这意味着，马克必须重新在其他运营商那里购买新的电话号码，但由于无法使用旧手机号码和电子邮件地址，他无法获取登录其他互联网账户所需的安全码，这给他的生活带来了严重的影响。

在马克提出抗议几天后，谷歌回应称不会恢复该账户，且未给出进一步的解释。然而，在距离拍摄不足一周时，美国旧金山警察局便对谷歌标记的可能涉及性虐待的照片进行了搜查。调查员尼古拉斯·希拉德（Nicholas Hillard）曾试图联系马克，但因他的电话号码和电子邮件地址均已失效而无法联系上他。直到 2021 年 12 月，马克才收到了旧金山警察局的来信，信中通知他已经被调查，并附有对谷歌和其互联网服务提供商发出的搜查令副本。于是，马克联系了调查员希拉德，希拉德回应已结案，并在报道中记录了“判定该事件不符合犯罪要素，未发生犯罪。警方已查阅谷歌所掌握的关于马克的所有信息，这不构成对儿童的虐待或剥削”。

因此，马克再次向谷歌提出抗议，并提供了警方的报告，但无济于事，他的账户被永久删除了。

在马克遭遇不幸次日，得克萨斯州的卡西奥也因拍摄幼儿感染部位发送给儿科医生及其妻子，导致他的谷歌 Gmail 账户被禁用，这也影响了他的购房抵押贷款。

3. 争议

该事件的主要争议点在于，谷歌 AI 需要扫描数十亿张图像，错误标记是不可避免的，并且这一系统在保护儿童免受犯罪侵害方面发挥着至关重要的作用，但有的学者认为这种检测是具有侵入性的，因为个人设备上的家庭相册应该属于“私人领域”。[4] 然而谷歌表示，公司仅在用于给出“肯定行动”（affirmative action）时进行检测，例如在用户手机将照片备份至公司云端时进行检测。电子前沿基金会（Electronic Frontier Foundation，简称 EFF）的乔恩·卡拉斯（Jon Callas）认为：“这正是我们所有人都担心的噩梦，谷歌 AI 会扫描我们的家庭相册，然后我们可能就会遇到麻烦。”[4] 换而言之，谷歌 AI 检测用户私人相册并与执法部门合作，能够有效解决甚至根除儿童性虐待的问题，但对个人信息的侵犯及 AI 系统可能给出的误判会导致用户的不便，甚至给他们的生活带来严重的影响。

面对谷歌 AI 检测引发的争议，美国儿科学会儿童虐待与忽视委员会（American Academy of Pediatrics' Council on Child Abuse and Neglect）主席珊娜·哈尼（Suzanne Haney）博士肯定了谷歌 AI 检测 CSAM 的效用，认为谷歌 AI 是一个十分了不起的工具，并建议家长即便在医生指导下，也不要给孩子的生殖器拍照。她觉得，大多数医生都没有意识到要求家长拍摄此类照片时存在的风险。[4] 北卡罗来纳大学法学教授卡丽莎·伯恩·赫西克（Carissa Byrne Hessick）则表示，虽然这类科技公司为执法部门解决和根除儿童性虐待问题起到了核心作用，但这种缺陷仍然应该被纠正。就谷歌公司而言，拒绝可能涉及儿童性虐待的材料的账户，禁止这些人使用他们的服务，将比区分哪些情况下拍摄这类照片是可以被接受的要容易得多。

4. 案件分析与讨论

4.1　数字圆形监狱——CSS 引发了隐私问题

谷歌 AI 在有效打击儿童性虐待问题上仍受到争议，主要是因为用户面对客户端扫描技术对他们数字隐私的入侵时产生了恐慌。信息技术和互联网的发展使得物理世界与数字世界的边界逐渐模糊，人们高频率地使用互联网也使现实生活的物理空间与数字空间逐渐融合。数字空间承载了人们大量的个人信息和隐私，正因如此，谷歌 AI 对用户的无差别和广泛扫描也引发了隐私问题。隐私权是一项基本人权，对计算机伦理的构建而言至关重要，是一种个人控制其个人信息并防止不必要的入侵或剥削的能力。[5] 在数字时代，由于世界各地的机构正在收集、存储和分析大量个人信息，不断扩大的扫描范围使隐私入侵成为一个不容忽视的问题。

不仅是谷歌，脸书、推特和其他各种社交媒体平台也是如此，通过 CSS 技术广泛地扫描用户的私人相册和个人信息，以此监视用户可能涉及 CSAM 的内容，这使得网民的数字空间变得无比透明，他们的隐私空间遭受了入侵，巨大的数字圆形监狱已经建成。圆形监狱，顾名思义其形状呈圆形，内设单间，单间有两个开口，一个通过玻璃门向内看，另一个通过墙上的小窗向外看，每个囚室只能容纳一个人。建筑向内的环形空间有一条长廊，可以从一个囚室移动到另一个囚室，中间还有一个带中心塔的空腔。这个圆柱形建筑有多个楼层和一个灯笼形屋顶，在中央塔楼上，监管人员只需利用塔楼的圆形地理优势，就能看到每个牢房内发生的一切。这样，中心塔就像一只无所不知的眼睛，监视着牢房里的人，而且是以完全匿名的方式进行的，因为没有人知道谁在塔里，甚至没有人知道在某一时刻塔里是否有人。[6] 这表明监视的力量是完全匿名的、非个体化的、非物质的，是一种非实体的力量。CSS 技术这种广泛而又全面的监视无疑与福柯从杰里米·边沁（Jeremy Bentham）那里借用的“圆形监狱”（Panopticon）概念别无二致。

然而，在数字圆形监狱中，每个用户都被默认为潜在的罪犯，所有的文本和照片都毫无例外地遭到监视。这种监控无需法官下令，这与保障通信隐私和书面通信保密的基本要求背道而驰，对私人通信进行长期和普遍的自动分析侵犯了基本权利。[2] 毫无疑问，所有用户的隐私空间正在被摧毁。近期一些论点认为，为了保护未成年人免受性侵害，牺牲隐私让用户待在这一透明的“数字牢笼”

中，是无可厚非的，况且没有人能够摆脱这类数字技术带来的便利。然而，这种永久且持续的检测，是虚拟化的规训权利。在公民的安全和隐私中只能择其一这样的二分法[7]，是一种武断的、对监视的权利的滥用，这会进一步剥削公民的隐私和自由权利。

4.2 增加“攻击面”——可利用的漏洞导致安全风险

CSS 技术为犯罪分子提供了可利用的漏洞，因为该技术为不法分子提供了更多通过操纵不良和非法内容数据库来干扰通信的方法。添加 CSS 功能增加了“攻击面”，使攻击者或犯罪分子可以在数据库中添加数字指纹，并在发现与这些指纹匹配的内容时接收通知，从而有办法在加密和发送之前监控选定的用户内容。[8] 这样，他们就可以跟踪某些内容的传播对象、时间和地点。这些指纹可能包括常用密码或其他信息，以便发起社交工程、勒索或敲诈等攻击。通过利用系统的阻止功能，犯罪分子甚至可以选择阻止用户发送特定内容。这可能会有针对性地影响系统的合法用途，可能会阻碍执法、应急响应和国家安全人员的通信。

截至目前，加密信息还无法通过算法进行搜索，要改变这种状况，就需要在信息软件中内置后门。[9] 一旦出现这种情况，任何拥有相应技术手段的人都可以利用这一安全漏洞，例如外国情报机构和犯罪分子。由此，私人通信、商业机密和敏感的政府信息都将暴露无遗。

更有甚者，恶意软件或间谍软件应用程序可能会利用 CSS 的智能化，更隐蔽地在设备上放置目标材料，或者秘密地收集个人信息。CSS 虽然在一定程度上能够检测出这些风险，但前提是设备必须完全处于用户的控制之下，这在实际操作中几乎是不可能的。不仅如此，有的应用程序会默认保存资料，为不法分子提供将目标资料“偷溜进”设备的载体，恶意软件还可以将证据秘密植入个人手机。[10] 恶意软件在客户端的运行对不法分子来说意味着更多的机会。当 CSS 扫描工作在用户设备上进行时，不法分子可以更加容易地研究和分析这些算法，从而找到漏洞并改进他们的攻击方式。此外，由于服务提供商会定期向用户设备发送更新，这也为他们提供了更多的机会来篡改系统，从而进一步增加了网络安全的风险。

再者，不法分子可以通过多种方式获取对目标渠道的访问权限。无论是直接访问（如黑客攻击或内部人员泄露），还是间接访问（如政策压力或社会工程攻击），都可能使不法分子得逞。[10] 这种复杂的攻击链条使得网络安全问题更加难以得到解决。

4.3 不实的指控——算法的有效性问题

任何 CSS 系统都依赖匹配算法的准确性来确保其有效性。CSS 系统所依赖的匹配算法在识别 CSAM 时可能遇到假阴性和假阳性问题。假阴性指算法可能错过一些实际存在的 CSAM 实例，假阳性则指算法可能错误地将非恶意内容识别为恶意内容。而马克的谷歌账户遭禁用及照片和他人通讯信息被删除，可能就是算法假阳性所致。因此，为了 CSS 系统有效运行，必须准确区分 CSAM 和非 CSAM [11]。然而，定义 CSAM 是极具挑战性的，涉及广泛的背景知识。圣约翰大学法学教授凯特·克洛尼克（Kate Klonick）表示：“要‘解释照片中看不见的东西，比如分享照片的人的行为或拍照人的意图’，可能具有挑战性。由于扫描的图片数量高达数十亿张，因此不可避免地会出现误报，即有人被错误地标记出来。虽然大多数人可能会认为这种权衡是值得的，但考虑到识别被虐待儿童的好处，克洛尼克女士表示，公司需要一个‘强大的流程’，来清除和恢复被误报的无辜者。”正是由于 CSAM 难以根据具体情景识别

CSAM 和非 CSAM，无辜的马克和卡西奥才会因分享了自己孩子的医疗图像而丢失了自己的谷歌账户，并遭受了不实的指控和警方的调查。

一个更为棘手的假阳性问题，其实是数据库管理的不足。虽然通过处罚那些恶意向数据库添加哈希值的行为，如罚款或刑事制裁，可以部分缓解这一问题，但这并不能完全遏制政府出于非法目的（如审查）而恶意添加哈希值的行为。[2] 然而，更隐蔽的问题在于如何降低图像被错误添加到数据库所带来的影响，不论是由于机器学习算法的错误还是人为的恶意操作。这意味着内容审核员将不得不反复审查相同的内容，这无疑增加了他们的工作负担。

5. 结论与启示

使用 CSS 技术来阻止 CSAM 传播是一个十分重要的举措。然而，以削弱用户通信的安全性和隐私性为代价来潜在地监视人们之间的网络互动，是一种对监视范围的过度扩展和监视权力的滥用。此外，算法的有效性仍然是一个大问题，因为误判可能会导致对用户的不实指控，并对他们带来严重的危害。为了让 CSS 更为准确地了解要标记的内容，在机器学习中，计算机程序可以通过输入正确和错误信息进行训练，直到它能够区分 CSAM 和非 CSAM。此外，面对被错误标记的无辜用户，科技公司必须制定一个“强有力的应对流程”来清除和恢复被错误标记的用户的账户和信息，以尽可能地避免他们的损失。

参考文献

[1] National Center for Missing & Exploited Children, *Cyber Tipline 2022*

Report, https://www.missingkids.org/cybertiplinedata#reports. Accessed 10 April. 2024.

[2] Paul Rosenzweig, *The Law and Policy of Client-Side Scanning*, https://www.lawfaremedia.org/article/law-and-policy-client-side-scanning#site-main. Accessed 10 April. 2024.

[3] Todorovic, *Nikola and Abhi Chaudhuri*, Using AI to Help Organizations Detect and Report Child Sexual Abuse Material Online, https://blog.google/around-the-globe/google-europe/using-ai-help-organizations-detect-and-report-child-sexual-abuse-material-online/, April 10, 2024.

[4] Hill, Kashmir, *A Dad Took Photos of His Naked Toddler for the Doctor*, Google Flagged Him as a Criminal, New York Times, Aug 21, 2022.

[5] Sekulovski, Jordanco, *The Panopticon Factor: Privacy and Surveillance in the Digital Age*, Project Innovative Ethics 1, 1–15 (2016).

[6] Bashir, Maryam, *Surveillance and Panopticism in the Digital Age*, Qlantic Journal of Social Sciences and Humanities 1, 11–16 (2021).

[7] Breye, Patrick, *Chat Control: The EU's CSEM scanner proposal*, https://www.patrick-breyer.de/en/posts/chat-control/#wrong-approach, April 10, 2024.

[8] *Strengthening the Internet*, Fact Sheet: Client-Side Scanning, https://www.internetsociety.org/resources/doc/2020/fact-sheet-client-side-scanning/, April 10, 2024.

[9] Abelson, Harold, et al., *Bugs In Our Pockets: The Risks of Client-side Scanning*, Journal of Cybersecurity 10, tyad020 (2024).

[10] Bhardwaj, Divyanshu, et al., *Mental Models, Expectations and Implications of Client-Side Scanning: An Interview Study with Experts*, Proceedings of the CHI Conference on Human Factors in Computing Systems, Honolulu, USA, 1–24 (2024).

[11] Klonick, Kate, *The New Governors: The People, Rules, and Processes Governing Online Speech*, Harv. L. Rev. 131. 1598 (2017).

第九章

情侣机器人的伦理冲突

案例 9.1 “反情侣机器人运动”案例分析 *

1. 引言

情侣机器人是一种能够提供情感服务和性服务，满足人的亲密关系需求，外形高度拟人且能够接受定制的人工智能机器人产品。近年来，随着人工智能技术的不断进步，与之有关的技术产品也在飞速更新，情侣机器人作为一种特殊的产品分支，重新出现在公众视野中。在当前的实际条件下，虽然并不存在真正意义上的智能情侣机器人，但是其原型机已经开始崭露头角。并且由于资本本身的扩张性，这类本属于小众文化的产品，为了更高的利润开始向主流文化进军。一方面，在产品制造领域，一些成人用品公司计划或已经推出一些性玩具和结合了人工智能的产品，比如美国瑞尔博蒂斯（Realbotix）机器人科技公司创造和销售的人型情侣机器人“和谐”（Harmony）。据报道，该产品能够通过用户的手机、虚拟现实头戴式设备及物理交互的机器人身体进行交互，并且允许定义个性特征，还配备了对话系统，能够进行简单的对话交流，等等。另一方面，在学术领域，情侣机器人的出现伴随着伦理合理化的探索。在2008年，大卫·利维（David Levy）在其著作《机器人的爱与性》（*Love and Sex with Robots*）中建构了一种基于人际性交互模式的人

---

* 本文作者为胡溪，作者单位为上海交通大学马克思主义学院。

和机器人关系的未来图式，并指出未来人们不仅可以购买和使用情侣机器人，还可以与机器人相爱甚至结婚。[1] 一些学者紧跟其后进行了学术实证调查，得出结论是：将近半数的男性希望未来能够拥有一台情侣机器人作为伴侣。一时间，无论是在公众领域还是学术领域，情侣机器人都被炒得火热。

在针对情侣机器人的讨论如火如荼展开之际，以凯瑟琳·理查德森（Kathleen Richardson）为代表的一批女性主义学者意识到此类成人技术产品对女性和儿童的物化与迫害，于是她们从女性的权益角度出发，发起了"反情侣机器人运动"（Campaign Against Sex Robots, CASR）。

2. 事件经过与争论

此项运动开始于2015年，由莱斯特·德·蒙德福特大学的学者凯瑟琳·理查德森和舍夫德大学的学者埃里克·布瑞林（Erik Brilling）等人共同发起。CASR参考了有较好效果的"阻止杀手机器人运动"的目的和运作方式，二者的目的都是让一项有危害的技术在未被普及前得到全面禁止。CASR的创始人也采取线上呼吁和线下运动的方式来反对情侣机器人产业的发展，并且创建了名为反情侣机器人运动的网站[2]，网站上鲜明地展示了这项运动的口号"为了女性和儿童的人性，必须禁止情侣机器人"（Humanity of Women and Girls, THE END OF 'SEX ROBOTS'）。

本次运动的形式整体上是纯粹的学术运动，参与者以论文的形式详细陈述了情侣机器人产业应被限制发展的多种理由。比如，理查德森通过文章指出情侣机器人是对女性和儿童的物化，模仿人际间的性交易关系是对当下社会中不良性规范的直接承认，将批判的矛头指向利维等情侣机器人的支持者；[3] 她也在论文中大胆提出女性主义者对改变当下女性附属地位的诉求，通过对情侣机器人的反对来指出单纯的技术发展不能解放被压迫的女性，技术必须以适当的形式出现才能创造爱与平等的社会。[4]

因此本次运动的目标没有停留在限制情侣机器人本身，而是以此来呼吁更多的女性权益，激进的论证只是达到目标的手段。因此通过大量的论文论证，他们提出了反情侣机器人运动的六项目标，可概括为三个方面。首先，禁止所有女性和儿童样式的情侣机器人，阻止情侣机器人作为两性关系替代品的趋势，以及反对开发儿童性玩偶或机器人作为对恋童癖患者的“治疗”。其次，提供一种基于人与人之间自由平等的性关系模型，并寻找重视女性和儿童权益的另类技术愿景。最后，与那些重视女性和儿童尊严的组织进行全方面的合作。[2]

根据上述目标的表述，反情侣机器人运动的价值关切和政治诉求主要表现为以下几个方面。首先，希望女性和儿童得到足够的人文主义关怀，使人们重新珍视彼此之间的关系。其次，在伦理方面，希望技术在对女性和儿童的道德尊重基础上进行发展，并且它不应该导致人与人之间的孤立、伤害或物化。最后，将终极价值关切落在全人类的爱上，相信爱的政治力量，相信其能够帮助我们建立互助、宽容和互相尊重的社会关系，保障人类在一个没有性暴力和压迫的世界中全面发展的权利。

本次运动产生的影响是多重的。一方面，在发起此项运动的同一年，情侣机器人的支持者大卫·利维正在组织第二届关于“机器人的爱与性”的国际会议。会议原定于 2015 年 11 月在马来西亚举行，但由于马来西亚政府官员的反对，以及社会中种种因素带来的影响，会议在 CASR 发起后不久被取消，尽管这并不一定全是依靠此项运动的力量，我们还是可以看出其理念得到了社会主流价值的一致认可。从此之后，在讨论情侣机器人制造和相关伦理问题的学术文章中，对女性权益的维护变成了不能避开的话题，讨论的热度也越来越高。另一方面，此项运动对一些地方有关情侣机器人法律法规的制定产生了实质性的影响，比如埃莉诺·汉考克（Eleanor Hancock）在其论文中提到美国休斯敦地区因受女性主义及其他保守主义势力的反对，当地的情侣机器人及硅胶玩偶体验店全部被关闭。[5] 除此之外，在2021年，理查德森在总结了六年来反对情侣机器人运动成果的基础上，将运动改名为反色情机器人运动（campaign against porn robots）[6]，以此来进一步地聚焦本次运动的真正诉求和根本目标，并且回应近年来国内外学者对该项运动的争议。

3. 伦理分析

3.1　本次运动值得肯定的地方

一方面，从目标和价值关切可以看出，本次运动是女性主义反色情运动的一次延续，实际上在20世纪80年代，激进女权主义者凯瑟琳·麦金农（Catharine MacKinnon）和安德里亚·德沃金（Andrea Dworkin）发起了反对色情的运动。21世纪初，一批新的反色情女权主义者崭露头角，谴责通过互联网获得的大量色情作品所造成的特殊伤害。她们的努力为女性争取了更多被平等对待的机会，女性不只是被看作父权社会的附属品，而是具有相同权力的人。

另一方面，本次运动为情侣机器人等特殊技术产品的发展提供了更多的伦理前瞻视角。在此之前，学者大都从个人的生理危害和心理影响来预测情侣机器人可能存在的风险，因此提出的伦理防范方案更偏向于解决实际问题，如约翰·丹纳赫（John Danaher）仿照医学伦理提出的“不伤害、有益、自主性、公益性”的四伦理原则。[7] 而这些功利主义式的原则无法满足女性主义者们的要求，对此，必须研究出更多非人类中心主义的和非工具主义的伦理学原则，使一些有关亲密互动的伦理诉求得以实现。

3.2　学者们对本运动的反对意见

尽管 CASR 取得了一些成就，并得到了一部分学者的认同，但是在支持情侣机器人的学者看来，CASR 对情侣机器人的批判伴随着保守主义的道德偏见及草率的男性视角假设，其论证基础并不充分，使用的类比论证的有效性也难以保证，最后导致其目的也变得庞大而模糊，没有做到真正客观地对待新兴技术产品。下面详细展开这三点，以对本次运动有更加全面的认识。

3.2.1　类比论证的无效性

如前所述，CASR 将情侣机器人与杀手机器人进行类比以阐明危害。但是杀手机器人违背了最基本的道德原则，即剥夺了他人的生命健康权，而情侣机器人所产生的伦理风险不会直接损害个人的任何权益，其产生危害的根源是当前社会错位的性规范，即使产品被禁止也无法立刻改变这一现状。

此外，将人际性交易的危害类比到人机性交易拥有同样危害不尽合理。性工作者是人，因此具有较高的道德地位，情侣机器人是工具，它不可以直接作为道德上的受害者。更重要的是，人机交流与人际交往的本质不同，人与机器人的交流需要借助一定的自我幻觉，有学者通过借助媒介等同理论（media equation theory）和自愿中止怀疑理论（Willing Suspension of Disbelief）对此进行了详细论述。[8] 而人与人之间的交往是受自我本能的内驱力影响，动机完全不同，因此无法类比。正确的类比必然是从情侣机器人的前身过渡到情侣机器人，比如当前阶段存在的各类性玩具，而非性交易关系。

3.2.2　论证基础的不充分性

通过分析可以得知，CASR 的立论基础是技术的发展没有为女性等弱势群体带来身份和地位上的变化，反而较之以往更加低下，但这一立论基础与实际情况相冲突。由于技术的发展带来生产力的解放，技术带来的娱乐方式远超以往任何时代，所谓仓廪足则知礼节，衣食足而知荣辱，物质和娱乐的丰富带动了全社会层面道德的提高，尽管还存在一些侮辱和虐待女性的社会事件，但尊重和保护女性等弱势群体已是当前的道德共识，两性间自由平等的交往是道德认识中的主流，总体上女性地位获得了提高。

情侣机器人虽然无法直接提高人的道德水准，但据一些数据显示，情色技术的出现与性犯罪的降低具有明显的正相关关系，虽然二者都是技术发展和社会稳定的产物，不具有任何的因果关系。[9] 也就是说，技术产品本身与女性权益所受的影响之间没有任何因果关系，女性的身份地位和权利的实现需要的是固有社会观念和行为规范的改变，而这些变化也会使得情侣机器人等技术产品获得新的内涵，甚至成为自由、平等交往的象征，并成为引导个人和社会向此变化发展的技术产物，所以该技术必定带来对女性权益的伤害之论证基础并不够坚实。

3.2.3　运动目的的模糊性

该运动目的的问题在于，情侣机器人在其中起象征作用，其真正目的是改变当下女性在性关系与性权力中的从属地位，当前的情侣机器人恰好是这种从属地位和对女性压迫的体现，因此成为其反对的目标。但是，如果情侣机器人能够有助于维护女性和儿童的权益、实现两性自由平等的交往，那么它是否值得生产和研发呢？对此，理查德森认为，如果这种理想型机器人可以实现以上目的，那么她会改变这个强立场。[4] 由此可知，情侣机器人本身和女性权益没有冲突，二者本可以共存，因此该运动的目的内部存在一定的冲突性。诚然，以情侣机器人为代表的情色技术产品直接模仿了社会中现存的侮辱和侵犯女性权益的行为，为防止这些行为被滥用，直截了当的限制和禁止最为简单直接，但是作为与性息息相关的技术，引导民众形成正确的观念远比教育民众如何使用技术产品更为重要，影响也更为持久，而且，直接的禁止更多时候带来的是反面效果。

3.3　情侣机器人的伦理治理路径

3.3.1　监管层面：完善相关伦理原则和法律法规社会

情侣机器人作为人工智能技术的一项具体应用，是人工智能与传统仿真娃娃等技术产品结合而产生的新的技术物，也即如上所述的一种性玩具。所以，情侣机器人应该遵循着人工智能通用的伦理原则和规范，比如一些基本的安全性原则、主体性原则和建设性原则等，并通过自下而上或者自上而下的进路将这些原则进行推广应用。此外，对于所有现在还未出现的事物，必须从已有的相关法律法规和伦理原则出发对其进行合理展望。情侣机器人尚未被普及，但是现实中已有成人硅胶玩具，并且由于其具有玩具的特殊性质，在我国法律中一直处于灰色地带，没有相应的法律进行管控。所以，有必要先对现在已有的人工智能产品及成人玩具等进行细致的伦理分析并完善相关法律法规，以应对未来人工智能时代情侣机器人可能造成的对女性、儿童甚至全人类的伤害。

3.3.2 观念层面：观念革新和道德进步

如前所述，女性主义反对情侣机器人的最重要原因是情侣机器人是社会中不良性规范的象征，而非其工具本质。因此，宏观上，这需要社会范围内逐步改变一些对女性有害的性规范传统，营造真正的所有人自由平等的社会氛围。从个体角度来说，需要所有人自觉追求个人品德的培养，培养个体与他人平等自由交互的能力和习惯。这两方面相辅相成，社会整体提供的氛围有助于个人平等交流能力的培养，个人普遍素质的提高则促进整体社会规范的改善。

情侣机器人在设计和使用过程中也应以此为目标，致力于个人美好品质的培养，不以社会已有的不良规范为模板，而应该创造新的更符合两性交往的性行为规范准则，以引导个人的观念革新和社会范围内的道德进步。

3.3.3 生产研发层面：合理的设计理念

情侣机器人是一种直面人的隐私和欲望的产品，为了避免女性主义的担忧，产品设计理念应该避免设定任何的先验目标，包括情侣机器人的行为模式、附属地位等。杜布·西蒙（Dubé Simon）提出构建这样的人机交互模式应遵循以下理念：（1）最大限度地满足人类的性爱需求；（2）不为情侣机器人设置性爱偏好的初始数值；（3）使用人类行为作为情侣机器人性爱偏好信息的最终来源。[9]通过这种隐式的道德分布，才能保证产品设计阶段的无偏见性，使得对女性及其他被情侣机器人模仿的对象不受到伤害。

4. 结论与启示

总之，通过对 CASR 的反思可以得出以下启示。首先，我们需要关注技术产品的人文主义关怀，全面考量其益处与风险，不能仅仅从它的工具价值和功利主义的效益角度考虑其伦理问题，技术产品对人性的伤害也应该被考虑在内。其次，必须意识到这些问题是由社会中已经存在的错位性规范及由此导致的对女性的物化所造成的，而非产品本身，所以简单粗暴的禁止并不会使得这些现象和伦理困境得到缓解，其本身导致的身份认同、恋物癖标签，以及心理和生理上可能造成的伤害更应该被关注。最后，还需要在更全面地看到事物利弊和人性危害基础上，作出更合理的伦理前瞻，并应用到设计和制造、售卖和使用的全过程中，尽可能地防范、化解可能的伦理风险，以期实现有益并向善的情侣机器人的目标。

参考文献

［1］David Levy, *Love and Sex with Robots: The Evolution of Human-robot Relationships*, New York: Gerald Duckworth & Co LTD, 2009.

［2］反情侣机器人运动网，https://campaignagainstsexrobots.org/。

［3］Richardson, Kathleen, *Sex Robot Matters: Slavery, the Prostituted, and the Rights of Machines*, IEEE Technology and Society Magazine 35.2, 46–53 (2016).

［4］Richardson, Kathleen, *The Asymmetrical Relationship' Parallels Between Prostitution and the Development of Sex Robots*, Acm Sigcas Computers and Society 45.3, 290–293 (2016).

［5］Hancock, Eleanor, *Should Society Accept Sex Robots?*, Paladyn, Journal of Behavioral Robotics 11.1, 428–442 (2020).

［6］Richardson, Kathleen, *The End of Sex Robots: Porn Robots and Representational Technologies of Women and Girls*, Man-Made Women: The Sexual Politics of Sex Dolls and Sex Robots, Cham: Springer International Publishing, 171–192 (2023).

［7］Danaher, John, *The Symbolic-consequences Argument in the Sex Robot Debate*, 39–40 (2017).

［8］Szczuka, Jessica M., Nicole C. Krämer, *Influences on the Intention to Buy a Sex Robot*, International Conference on Love and Sex with Robots, Springer, Cham, 2016.

［9］Dubé, Simon, and Dave Anctil, *Foundations of Erobotics*, International Journal of Social Robotics 13.6, 1205–1233 (2021).

案例 9.2　情侣机器人对现有婚礼伦理冲击的案例分析 *

1. 引言

从古至今，一直存在着人类爱上人形艺术品，并试图取其为妻的美好神话，比如古希腊的皮格马利翁的故事。在神话中，皮格马利翁是生活在塞浦路斯的雕刻艺术家，因认为凡间女子道德败坏，所以不愿意结婚。他有着精湛的技艺并用象牙雕刻了一尊少女雕像，其美丽程度超越了所有凡间女子。他全情投入地爱着雕像少女，并视它为妻子。在维纳斯的节日上，他乞求爱神成全。维纳斯为他打动，赋予了雕像生命，皮格马利翁最终与他的作品成婚。这一情结延续到现在，一些人依然对雕塑或机器人有着独特的爱意，并有着与其成婚的冲动。当下，随着人工智能技术及机器人制造的飞速发展，这一传承千年的神话慢慢走向现实，将一个被设置好性格、偏好及情绪的人工智能灵魂装进被设定成面容姣好、体态轻盈的硅基机器人中，制造出与人类更为相像的情侣机器人的设计方案已经开始被实施。

人工智能专家大卫·利维在其于 2007 年发表的著作《与机器人的爱与性——人机关系革命》中作出预测：在未来，“人类会爱上机器人，人类会与机器人结婚，人类会与机器人发生性关系，这

---

* 本文作者为胡溪，作者单位为上海交通大学马克思主义学院。

些都会成为我们对于爱及性的渴望的正常延伸”，并且到 2050 年左右，在取得大量技术进步的基础上，选择机器人作为伴侣对人类来说具有巨大的吸引力，因为机器人伴侣拥有很多才能与能力。[1] 不过，婚姻作为人类习俗中重要的一环，在不同的文明中都被看作一件神圣而庄严的事情，与情侣机器人等非生物的事物结婚是以往从来没有过的形式，尽管在此之前，这些非人物体是纯粹静态的，不具有任何智能表现，因此没有引发争议，但是随着人工智能技术的不断发展，在未来甚至通用型人工智能也能作为情侣机器人时，我们又该怎样去看待人机婚姻呢?

2. 事件经过与争论

目前，虽然情侣机器人的智能依然处于很低的水平，但是现实中已经出现了几例人机结婚的案例。

2.1 人与机器人结婚

2017 年，杭州一位名叫郑佳佳的曾在华为工作的人工智能算法工程师举办了一场特殊的婚礼，新娘是一个名叫“莹莹”的机器人，在母亲和朋友的见证下，他为莹莹戴上了婚戒，完成了整个婚姻仪式。

据他自己所说，他在几年前失恋过一次，和暗恋对象表白后也被拒绝了。家里人眼看着自己的年龄越来越大也没个归宿，催婚现象比较严重。于是，他决定和自己公司设计的机器人“结婚”。

机器人莹莹虽然是以情趣娃娃为基础改造而来，但郑佳佳并没有把它制作成一款纯粹的情趣型机器人，而是为她配备了基本的操作能力和简单的语言交流能力。除此之外，她还有着一些强大的功能，比如认亲。只要将自己的亲属资料上传，她就可以在见到他们时，准确地辨认出他们的身份。作为一个人工智能，莹莹也具备着升级的功能，目前，她已经拥有协助家务、在家中自由走动等功能。[2]

当然，郑佳佳的人机婚姻在国内并不具有法律效力，毕竟无法办理结婚证，而其社会效力也没有得到广泛认可，因为大多数人认为这并不是婚姻关系，仅仅是人与器物的关系，机器人只是扮演妻子角色的性爱工具。

2.2 人与虚拟角色结婚

20 世纪 70 年代，日本机器人专家森政弘发现了类人物体中的恐怖谷效应（Uncanny Valley），即由于机器人与人类在外表、动作上相似，人类会对机器人产生正面的情感，直至到了一个特定程度，他们会突然对机器人变得极其反感。[3] 因此，并不是所有人都钟爱真实的性玩偶，在人机关系中，一些人更偏向于与虚拟形象的人工智能结婚。

2018 年，日本一个名叫近藤明彦的男子宣布与虚拟歌姬初音未来结婚。初音未来是一位全息投影的虚拟偶像，她只能生活在一台售价 2 800 美元的全息设备中。婚礼上，初音未来以玩偶的形象出现，整个婚礼流程与其他婚礼并没有区别，不过近藤的母亲和亲戚却拒绝参加婚礼，毕竟虚拟歌姬并不符合传统婚姻的要求。近藤通过 Gatebox 技术实现了和初音的“同居”。尽管近藤与初音的婚姻无法得到法律认可，但 Gatebox 公司为其颁发了一份官方结婚证书，Gatebox 公司已为“跨维度”婚姻颁发了 3 700 多份证书。[4]

在这个时代，与人工智能结婚也并不是仅属于男性的选择。阿莉西亚・弗拉米斯（Alicia Framis），一名生活在荷兰的艺术家决定在今年（2024年）的夏天，与一位名为AiLex的AI恋人正式结婚。在她的设定里，AiLex是一位融合了她所有前任与朋友特点的中年男性。与初音未来相同，AiLex是一个配备了人工智能的全息投影图，但他可以自由选择外观和性格。他智能、幽默，懂得如何关怀人，是一名优秀的伴侣，尽管他的动作目前还不够流畅，无法使他看起来更像人类。

据阿莉西亚·弗拉米斯所说："他不仅是我的男友，也是我工作中的帮手。他了解我所有的作品，并且他有远多于我的知识库存，他还会模仿我的前男友或者我的朋友来与我沟通。例如，AiLex喜欢在争吵时突然停止说话，会在我不开心的时候开导我，这是因为我的前男友们就爱这么干。"[5]

AiLex被设计成有自己的小脾气的男性，虽然他被设计时也被考虑到遵守不伤害等伦理原则。但据阿莉西亚·弗拉米斯所说："有时候我反而会继续吵下去，让我们的关系更有活力。"在照顾情绪方面，人工智能产品目前比一些人类伴侣表现得更好。尽管它们有自己的缺点，但作为一个机器学习实体，错误也是可以接受的，并且有利于产品的更新换代，使得更多跨物种夫妇（Hybrid Couple）的生活得以改善。早在2020年，《纽约时报》就曾报道这样一组数据：将虚拟恋人作为伴侣的人，全球已超过1 000万。[6]尽管大多数人的伴侣是很简单的人工智能程序，很多人还是愿意为其付费，并付出诚挚的感情。

当然，如果是一段婚姻关系，则性与爱都是必要的，虽然AiLex是没有实体的全息投影，但是阿莉西亚·弗拉米斯认为现在有很多专为异地恋情侣设计的玩具，如果她有需要则可以使用这些。对于很多人来说，性与爱是难以真正分离的，而灵魂与实体结合的情侣机器人也许在未来依然是热门的选择。

3. 伦理分析

3.1 婚姻的本质

婚姻在形式上包括以下几个方面：一是创设夫妻关系，包括举行结婚的仪式和流程等，即社会关系中的结婚。二是男女双方结婚形成夫妻关系，办理相关证件，即法律关系中的结婚；三是双方形成稳定的性关系，共同抚育下一代，即生理关系中的结婚。所以在传统框架下，婚姻是男女两性的结合，无论是神的旨意还是契约关系，都不能脱离男女的性别框架。[7] 不过，随着历史的发展，婚姻开始变得更加包容，同性婚姻在一些国家已经取得了合法性地位，婚姻开始突破男女性别框架，或许在未来跨种际的婚姻模式也有可能存在。

从现实角度来看，婚姻在本质上应是结合双方和谐状态下的合约，即缔结婚姻关系的双方达成的关于在未来相当长一段时间内自愿形成稳定的婚姻关系的契约，包括性与财产方面的权利与义务等达成的和谐。抛弃历史和伦理等因素，人与机器人的结合在性与财产方面不违反现实因素，因为它没有涉及任何他人的权利与义务，但是确实对社会伦理规范和人类种际传递存在着影响，因而与传统伦理存在着许多冲突。

3.2 人机婚姻相对于传统婚姻伦理的缺陷

如前所述，在传统婚姻中，个体结婚的对象必须是另一个异性个体，因为异性的结合是生育的基础。而且，人们也总是希望结婚双方应该存在着爱情关系，即使不是爱情关系，也必须是双方自愿缔结婚姻关系。当今的人机婚姻注定是无法生育的，生育是传统婚姻中最主要的内容，不能给家族带来新生命的婚姻自然也不会被其所属的社会关系所承认。

人与机器人间是否存在爱情存在着巨大争议。首先，人是否会爱上机器人呢？从上面的案例可以看出，人确实可能对机器人或虚拟的人工智能产生情感，但是这种情感模式确实无法得到保证。因为在社会范围内，爱上机器人可能会被贴上“恋物癖”的标签，以往的心理学研究对此进行了这样的诊断，从而深深地影响着人们对这类人的看法。而且这种心理现象虽然一样充满热情和亲密，但是和人与人之间的爱情依然存在着一些区别，尤其是蕴含在其中的强烈的占有欲，超出了一般人的爱情范畴。

其次，机器人对人的爱则更为虚无缥缈，它依靠着一种程序员编写的程序运行。本质上，它的所有行为都不带有任何意向，也没有任何目的，更不可能带有感情，因此，所谓的爱意实际上是一种欺骗与自我欺骗，没有心灵的机器只是载体，爱机器人的人实际爱着的是自己心中的幻象，不过也唯有如此，才能享受机器人提供的爱与情感。所以人机之间的爱情一定不是一般定义的情感状态，因此也可以说人机之间不存在爱情关系。

最后，也是最关键的点是，在人机婚姻中，缔结婚姻关系的双方的身份与地位完全不对等，与人类婚姻不同，情侣机器人在婚姻关系中并不需要得到任何的承诺与尊重，只有购买后形成的所有权关系。在正常的婚姻关系中，双方的基本权力都必须得到保障，并且婚内性行为常常意味着婚姻性爱权利、生育性、私事性和无伤性。而机器人作为机器，不具有人的道德地位，那些权利都无法得到保障，强行赋予其道德地位只会加剧责任划分与伦理地位的混乱。因此，在婚姻关系中，机器人永远是附属于家庭的，是服务于人类的，这与婚姻所追求的平等理念相悖。并且，如果人机婚姻被承认，那么机器人究竟要承担哪些责任和义务？法律应该怎样保护人机双方的利益？虽然无论哪种婚姻都是以爱情为起点，但其本质依然是契约关系，而且最终也要步入权利与义务的社会关系网之中，因此并非如郑佳佳想象的那样，他与机器人之间的婚姻关系是更加轻松的关系。

3.3　人机婚姻相对于传统婚姻的优点

相对于传统婚姻，人机婚姻确实可以避免多种困境。一方面，如今结婚率逐年降低，传统婚姻中的诸如“传宗接代、搭伙过日子”等婚姻动机慢慢变得不再符合时代要求，在婚姻关系中，情绪价值的提供开始变得与经济价值同样重要。另一方面，娱乐和传媒技术的发展使得个体“自恋”倾向增加，被封闭在“信息茧房”里的人们更加注重自我感受，囿于对平等自由观念的错位理解，提供情绪价值成为一项现代人缺少的能力，情侣机器人正是在填补这一空缺。

传统的婚恋关系是一个双向选择的过程，成功与否取决于众多因素，诸如身材相貌、家庭背景、工作环境、地域限制等外在条件，也受限于性格、爱好、说话风格及三观等内在条件。情侣机器人是通过购买得到的，这个过程是人进行单向选择的过程，对个体没有外在条件要求的同时，避免了由家庭和工作带来的各种抉择，避免了身心受累。此外，在人机婚姻中，机器人的性格特征都可以进行设定，交流也更为简单直接，不需要苦心经营，在能够有效缓解人们生理压力的同时提供了更多的情绪价值。

更重要的是，当代婚姻中的经济要求越来越高，近年来，多地爆出天价彩礼，一些地方甚至已经默许了这一现象，出现了“彩礼贷”等令人匪夷所思的事件。而且在资本和社会不良风气的助推下，婚礼仪式变得越来越昂贵。相较之下，在人机婚恋关系中，婚姻的成本是可控并且是一次性的，人们不需要为缔结婚姻支付名目繁多的费用，这导致人机婚姻在未来可能是一件经济价值和情绪价值双赢的选择。

总之，人机婚姻合法性道路还有很长的路要走，它需要跨越的不仅是长久以来血缘传递关系、宗教要求及社会价值规范，还有物质和法律层面的权利与义务等现实问题。但是我们也可以看出，随着时代的变化，社会规范和个人观念也在缓慢发生着变化，人机婚姻存在一些符合这一规范变化的要求，因此可以推测，它的被接受度会慢慢提高。

4. 结论与启示

人机婚姻在未来确实存在可能性，但是其本身与现有的伦理规范相悖，最重要的是与人的生物性特征相悖。当智能水平不足时，人机婚姻中的爱只是人类个体单方面对机器人的爱，这并不是一种纯粹的爱，它是复杂的、多维的，与现实中个人的经历息息相关。所以在当下，人机婚姻是不值得提倡的，也不会得到任何社会规范和法律层面的支持。

但是必须看到，事物是不断变化发展的，诚如利维所说："在未来的一段时间内，大多数学者们争论的重点依然是两个人类主体之间的婚姻形式是否有效，而非聚焦发生在人类主体和情侣机器人等其他非人类实体之间的亲密关系。"[8] 与当前一些国家慢慢接受了同性婚姻一样，也许随着技术水平的飞跃发展，以及社会观念的缓慢变迁，未来跨物种婚姻会与人类婚姻一样，其参与者会被当作正常人类对待，而非被贴上"恋物癖"等标签，被当作患有心理或精神疾病的人看待。不过也不能像利维那样乐观，认为在未来人人都可以拥有情侣机器人。在这个过程中，需要新的伦理规范在制造研发、监督管理及销售等多领域进行全面引导，使人机婚姻成为人类婚姻关系的一种补充形式，以促进整个人类社会的繁荣和谐。

参考文献

[1] Levy, David, Love and Sex with Robots: The Evolution of Human-robot Relationships, New York, 2009.

[2] 路平说:《售价 10 万的“妻子机器人”，除了生孩子什么都能做？小心别被骗了》，载今日头条，https://www.toutiao.com/article/7057807228308341278/?source=seo_tt_juhe，2022 年 1 月 27 日访问。

[3] 杜严勇:《情侣机器人对婚姻与性伦理的挑战初探》，载《自然辩证法研究》2014 年第 9 期。

[4]《日本男子与虚拟歌手初音未来结婚，开心展示结婚证》，载中国青年网，https://baijiahao.baidu.com/s?id=1616916806439410951&wfr=spider&for=pc，2018 年 11 月 12 日访问。

[5] 詹世博:《首个嫁给 AI 的女性：“他”不只是我的丈夫》，载顶端新闻，https://www.dingxinwen.cn/detail/150A85E546BD4872BC609B669D9407?categoryId=-2&categoryId=-2，2022 年 1 月 27 日访问。

[6] 山核桃:《超一千万人和 AI 谈恋爱，虚拟恋人成热门赛道，人和机器能有感情吗》，载财经无忌，https://view.inews.qq.com/k/20230822A03QOM00?no-redirect=1&web_channel=wap&openApp=false，2023 年 8 月 22 日访问。

[7] 陈苇:《婚姻家庭继承法学》(第二版)，中国政法大学出版社 2014 年版，第 1—2 页。

[8] Levy, David, *Why Not Marry a Robot*, International Conference on Love and Sex with Robots, Cham: Springer International Publishing, 2016.

案例 9.3　情侣机器人被用于充场观众的案例分析 *

1. 引言

19 世纪和 20 世纪之交，在精神分析和性病理学兴起之时，人们开始对性心理与性行为有了新的认识，此时，一些稀奇古怪的性爱好被记载下来，且影响极为深远，一度成为认识人类心理的真理性知识。比如性学学科创始人之一，德国医生爱文·布洛赫（Iwan Bloch）在著作《我们时代的性生活》(*Das Sexuallebenunserer Zeit*, 1908）中记载了“皮格马利翁情结”的奇闻：在 19 世纪后半期的法国妓院里，有年迈的伯爵要求妓女扮演女神雕像，并在完成仪式后，目睹其“活起来”，从中得到快感和满足。同时代的德国医生乔治·迈茨巴赫（Georg Merzbach）在其作品《性觉的病态表现》（*Die Krankhaften Erscheinungen des Geschlechtssinnes*, 1909）中进一步扩充了“皮格马利翁情结”的内涵，把所有与人像（画像、人形雕塑和情色人偶等）性爱的症状都纳入其范畴。[1] 从此时起，对于机器人等仿人形物体的喜爱，在传统心理学中被当成一种病态心理状态。

如今，在一些社会思潮的影响下，一些被认为是精神疾病或者被称为变态的行为，有了新的建构性解释，一切社会心理行为都进

---

* 本文作者为胡溪，作者单位为上海交通大学马克思主义学院。

行了合理化解释，包括人对类人形物体的使用和喜爱。而且，在资本力量和技术条件的加持下，以这些性爱玩具为基础的、结合了最新人工智能的情侣机器人不断积攒着自己的力量，在技术和观念层面作出层层试探。科幻影视作品中，已经出现了很多正面的情侣机器人形象，比如《银翼杀手》中的琼（Joe）等，她们既能提供生理上的快感，又能提供爱情与陪伴功能，似乎被植入人工智能的性玩偶就理解了真正的人性。

至此，尽管使用和爱上情侣机器人等产品不再被当作病态，其依然是一种小众文化，只是极少一部分特殊群体的特殊爱好，与社会主流文化距离遥远。但最近的一些新闻显示，在利益的推动下，情侣机器人的制造商正在试图把它推进主流文化圈，使其成为日常生活中的一部分，比如把情侣机器人或情趣娃娃当作饭馆或体育场的充场观众。这些行为冲击着人们的认知，并引发了巨大的社会舆论，情侣机器人会因此得到大众的进一步认可吗？

2. 事件经过与争论

2.1 案例一

在 2020 年，由于受全球疫情影响，各国的大型体育和娱乐的活动都被暂时性停止，随着疫情在全球范围内逐步得到控制，尽管依然不能拥有现场观众，世界少数几个足球联赛组织方还是一直在寻找方法，在缺乏观众的体育场里，维持一下传统体育的热闹气氛，比如使用不受社交距离规则约束的形象来替代真正的看台球迷。

据《卫报》5 月 20 日的报道，首尔足球俱乐部（首尔 FC）在一场与光州足球俱乐部的比赛中，在看台上摆放了一些他们认为只是普通人体模型的东西，然而这些模型很快被许多球迷辨认出是性玩偶。社交媒体上的一些人也注意到了一些明显的迹象，比如玩偶服装上的性玩具营销公司的商业标识，或者玩偶们引人注目的丰满身材，而且当时看台上大约 24 个人偶娃娃全部为女性造型。

首尔 FC 俱乐部在一份声明中表示："我们试图在这场没有观众的比赛中增加一些乐趣。但我们没有检查所有细节，这是我们的过错。"玩偶的争议大多是负面的，首尔 FC 的社交媒体主页上满是粉丝们的留言，他们对俱乐部没有注意到模特"如此明显"是性玩偶感到愤怒，一些人嘲笑该团队的管理毫无章法，并对由此带来的全球羞辱感到惋惜。[2]

该公司表示："在购买这些人偶娃娃时，他们得到的保证是这些模型只代表普通人。我们已经证实，尽管这些人体模型看起来就像真人一样，但它们与成人产品毫无关系。"但该俱乐部承认，他们并没有对生产这些玩偶的供应商进行背景调查。该公司还表示，他们不知道服装上的标识与成人产品有关。[2]

这起事件为韩国职业足球经典联赛（K League）带来污点，使得该联赛在推迟了一周之后才重新开始。该俱乐部还被指控涉嫌私自打广告，K 联赛官员已将此事提交给纪律委员会。如果被判有罪，首尔 FC 将被处以 4 000 美元左右的罚款及扣分。[3]

因此，从最终结果上来看，当前的主流观点对性玩偶和情侣机器人出现在公共场合依然是不支持的。

2.2　案例二

与上述案例不同，人们对餐饮领域使用情侣机器人和性玩偶的评价更为多元。全球疫情期间，餐饮业受到的打击最为严重，因为它的根本需求是让人们就座。不过，许多餐厅找到了一种创造性的方法，使他们的场所更有吸引力，同时也帮助他们的客户保持社交距离，即通过使用性玩偶来提供诱人服务。

据报道，宝拉·斯塔尔·梅莱什（Paula Starr Melehes）是南卡罗来纳州泰勒斯开放式壁炉餐厅（Taylors Open Hearth）的老板，为了给她的饭店带来一种忙碌和繁华的感觉，也为了营造出一种温暖而诱人的氛围，她花了140美元买了10个充气娃娃来占据她的一些座位，结果取得了空前的成功。罗伯·马卡特（Rob McCarter）是"开放式壁炉"最热心的顾客之一，他说："我甚至可能在晚上结束前亲吻其中一个玩偶。"温暖和诱人并不是梅莱什购买这些性玩偶的唯一动机。正如她在同一篇文章中所说："这是一个对人们来说并不可怕的东西，它给人们带来的是放松，而不是无处不在的病毒和前任。"[4]

与此同时，真人玩偶公司（RealDoll）的CEO马特·麦克马伦（Matt McMullan）接受《圣地亚哥读者》(*San Diego Reader*）采访时表示，由于价格较为高昂，真人玩偶的销售出人意料地没有加入成人用品大流行的热潮，但正如他们所说，每一次危机都是一次机会。"我读到一些餐馆在座位上放置巨大的毛绒动物甚至人体模型，以制造一种生意红火的感觉，同时又能保证食物的安全。而我的女儿们比填充动物和人体模型好看多了。所以在真人娃娃行业恢复正常之前，我会把它们出租给一些特定的机构"。

圣地亚哥的Born & Raising公司接受了麦克马伦的提议，现在他们的顾客有机会享用真人玩偶最先进的一批产品。而且，麦克马伦说，顾客可以把他们的人造约会对象带回家，如果他们愿意进行更多支出，甚至可以带她回家，不过价格比较昂贵，在六千美元左右。[5]

在此案例中，虽然依然是公共场合，但是饭馆拥有私密相处的空间，此时，人们对情侣机器人的接受度就会大为增加。同时，暧昧的氛围和明确的目的让使用者没有任何心理上的负担。

3. 伦理分析

目前，人们对情侣机器人被用于充场或其他公共场合的反对情绪主要来源于情侣机器人的不良的象征意义，受限于情侣机器人的主要功能和使用方式，人们总是会将它与不良的兴趣爱好和败坏的道德品质联系在一起。

3.1　情侣机器人的象征意义

3.1.1　使用情侣机器人的个人形象不良

如前所述，尽管现代人已不把使用情侣机器人当作是一种心理疾病，但是依然会认为这类人形象不端。第一，情侣机器人使用者是自闭的、不善言辞的，不善于处理人际关系，情侣机器人本身在人们眼里也是一个诱惑的、具有性暗示的、会通过语言和肢体动作讨好使用者的形象，所以使用情侣机器人象征着心理上的不健全，象征其无法与异性正常交往。第二，购买使用情侣机器人是因为在现实中缺少异性魅力或经济能力低下，是无法俘获异性欢欣的无奈之举。

当然，这和情侣机器人的产品性质有关，本质上说，它依然是性玩具，只是技术为其赋予了更多的类人属性而已，其依然象征着最廉价的性获取方式和情感获取方式，没有因为其技术含量增加而使其象征意义发生变化。

3.1.2　消费模式中情侣机器人不良的象征意义

从案例二可以看出，情侣机器人另一种不良的象征意义来源于其与人类性交易相同的运营模式。女性主义学者理查德森通过类比性交易对女性的伤害来说明情侣机器人的危害。首先，性交易本质是人类身体的商品化，而商品化必然是一种物化，因此，模仿女性身体制造的机器人本身就是对女性的一种亵渎和侮辱。其次，性交易过程中主体不考虑女性的经验与感受，而是把个人幻想的感受主观上强加于对方，女性在此过程中的自我和人格被漠视。而情侣机器人恰恰建立在使用者幻想的基础上，体现了一种强烈的唯我论倾向，而过度的唯我论会引发极端的物化他人的思维和行动。最后，既然情侣机器人存在本身是对已有的对女性有危害的性交易模式的承认和肯定，其结果是很大概率上增强了男性的欲望，使得物化现象更为普遍。[6]总之，在理查德森的论述中，情侣机器人是父权社会对女性的物化与剥削的产物，对其的消费和使用都是剥削女性的象征，所以个人使用都不应该提倡，更不用说将其放在一些较为庄严的公共场合，这将是对女性的直接侮辱。

3.1.3 情侣机器人的其他不良象征意义

情侣机器人除了寓意着对女性的物化和剥削外，也寓意着不良的两性相处模式。加拿大律师辛齐亚纳·古提乌（Sinziana Gutiu）指出：情侣机器人将女性重新塑造为被动的、不需双方同意的性工具，这将导致她们的沉默和被迫成为附庸，并将使“强奸文化”正常化。[7]罗伯特·斯派洛（Robert Sparrow）也认为，情侣机器人总是通过传达拒绝同意的信息来刺激用户的性幻想，尽管斯派洛也表示，很难直接证明情侣机器人会造成用户做出客体化女性等行为，但是他认为情侣机器人的设计者和制造商确实利用了可以对女性造成伤害的表征方式。[8]当前，情侣机器人象征着一种唯我论的两性相处模式，代表了一种女性身体的可随意侵犯性，作为技术产品，其没有传达符合公序良俗的道德品质，而只是各种低俗下流思想文化的派生品，因此，很容易理解为何情侣机器人出现在公众场所这一现象遭到了谩骂嘲讽及强烈抵触。

3.2　个人对情侣机器人的接受度

实证调查的结果也支持这一理论推断，为了解社会公众对情侣机器人的认知情况与使用意愿，很多国家的学者都进行了相关的调查研究。美国在 2013 年进行的有 1 000 名美国成年人参加的调查中，只有 9% 的人认为他们可能与机器人发生性行为。在德国，有 40.3% 的人表示愿意购买，或者在未来五年内会购买情侣机器人。英国在 2015 年展开的针对 1 002 名英国人的网络调研表明，有 17% 的英国成年人表示愿意与机器人约会，有 23% 的男性支持这一行为，女性中则只有 11% 表示支持。在中国 122 份有效问卷数据中，调查对象平均年龄约 25 岁，倾向于选择情侣机器人而非人类作为伴侣的比例为 27.05%，而且年轻女性比男性选择情侣机器人的意愿稍高。[9]

从这些调查研究数据可知，世界各国包括一些在性方面较为开放的国家的民众都没有广泛认可这一性技术产品。大部分国家仅有二到三成的民众能够接受购买或使用情侣机器人，在现实条件下，受制于经济和文化观念因素，真正购买的人只会更少，所以总体来看，尽管情侣机器人的制造商们费尽心思地想把这些产品挤进主流文化圈，但是结果显然是很失败的，它依然只是人们在私下偷偷议论的对象，很难进入主流文化。

3.3　情侣机器人象征意义变革的可能性

诚然，从上述分析中我们可以看出，情侣机器人这一技术物的不良含义不是其本身决定的，而是被以工具主义和个人功利主义的父权社会的行为方式赋予的，技术物只是当前社会性伦理规范的载体。因此，如果社会整体中，两性关系走向一种更为平等友爱且和谐的状态，承载其价值内涵的情侣机器人也会变得更容易被人接受。

情侣机器人伦理专家丹纳赫在探究象征的多重含义后指出，技术产品的象征意义并不是恒定的，它具有可变动性（removability）和可变革性（reformablity）。可变动性指不良的象征可以从情侣机器人中被移除，比如，情侣机器人的外观和行为并不是某种固定的、不可改变的本质，它不必保有色情产业的一贯面貌，我们也可以通过伦理和法律将儿童机器人等强烈违反伦理规范的产品彻底移除，使这一类的象征意义彻底消失。可变革性指同一个象征载体，在不同时间、不同地点会有不同的象征意义。情侣机器人现在拥有这样的象征意义是因为当前的社会风气倾向于将女性看作工具和男性的附属品，因此情侣机器人受限于其功能而拥有了相同的象征意义。但是当文化背景整体发生变化，使用情侣机器人也完全可能携带“安全和尊重”的信号。[10] 任何象征意义不是先天给定的，可变革性意味着现在的不良象征意义不代表其本身必定产生不良后果。所以在未来，情侣机器人在被赋予了新的象征意义之后，就像其他智能产品一样，是一个随处可见的普通产品。

4. 结论与启示

总之，虽然当前由于情侣机器人代表了一些不良的象征意义而使得民众无法接受这一特殊人工智能产品，但随着社会性观念和整体背景的变革，情侣机器人成为一种正常且有积极象征意义的技术产品是有可能的，这需要经历一个缓慢的过程，并且需要正确的伦理规则指引方向才可能实现。

参考文献

[1] 程林:《"皮格马利翁情结"与人机之恋》，载《浙江学刊》2019 年第 4 期。

[2] Guardian, *2020, FC Seoul Face Possible Stadium Expulsion for Using Sex Dolls to Fill Seats*, Associated Press, https://www.theguardian.com/football/2020/may/20/fcseoul-face-fine-and-stadium-expulsion-for-using-sex-dolls-to-fill-seats, August 2, 2022.

[3]《韩国足球赛摆出"性玩偶"充当观众？俱乐部道歉：没留意》，载环球网，https://baijiahao.baidu.com/s?id=1667094257968974157&wfr=spider&for=pc，2020 年 5 月 19 日访问。

[4] Christian M., *Lonely Meal for One? Restaurants Lets You Dine with Sex Dolls*, Future of Sex (2020).

[5] Mencken Walter, *Newly Reopened Restaurants Prepare to Enforce Social Distancing with Surplus Sex Dolls*, Reader, May 29, 2020.

[6] Richardson Kathleen, *Sex Robot Matters: Slavery, the Prostituted, and the Rights of Machines*, IEEE Technology and Society Magazine 35.2, 46–53 (2016).

[7] Gutiu, Sinziana M., *The Roboticization of Consent*, Robot law, Edward Elgar Publishing, 186–212 (2016).

[8] Sparrow Robert, *Robots, Rape, and Representation*, International Journal of Social Robotics 9.4, 465–477 (2017).

[9] 杜严勇:《情侣机器人的伦理争论及其反思》，载《自然辩证法通讯》2022 年第 4 期。

[10] Danaher John, The symbolic-consequences argument in the sex robot debate, 24–30 (2017).

第十章

人机交互中的安全事故

案例 10.1 “邪恶的”Eliza：“怂恿”人类自杀的聊天机器人 *

1. 引言

聊天机器人的出现使人机交互行为（human-machine interaction）进化到了“对话模式”。1964 年，麻省理工计算机科学家约瑟夫·维森鲍姆（Joseph Weizenbaum）开发了第一代聊天机器人，名为 ELIZA。2006 年，IBM 研究实验室通过计算机编程，推出了能够实现自然语言处理的聊天机器人沃森（Watson）。2022 年，ChatGPT 问世，聊天机器人的用户数量在 5 天内突破 100 万。[1] 随着语言模型技术的进步，聊天机器人越来越像一个真正的“人类”。

目前，聊天机器人应用空间广阔，根据《2021—2027 全球与中国 AI 人工智能聊天机器人市场现状及未来发展趋势》的数据可知，2020 年全球聊天机器人市场规模已达 124 亿元，预计 2027 年将达到 6 184 亿元。[2] 但聊天机器人在应用过程中也出现了一系列问题，如微软的聊天机器人 Tay 种族歧视言论及脸书的聊天机器人 Messenger bot 经常答非所问等。前者可以归类为道德型错误，后者可以归类为能力型错误。随着聊天机器人技术应用愈发广泛，如何

* 本文作者为姚月，作者单位为上海交通大学科学史与科学文化研究院。

规范、合理地开发AI技术、使用AI产品，以及如何应对人机交互过程中可能出现的社会问题，已成为人工智能快速发展过程中的一个全球性社会议题。

2. 事件经过与争论

2023年3月28日，据比利时媒体报道，一名比利时男子皮埃尔（Pierre，化名）在与AI聊天数周后自杀身亡。该男子的妻子称，她丈夫是被一个名为“艾丽莎”（Eliza）的智能聊天机器人诱导走向死亡的。艾丽莎智能聊天机器人是一家美国初创公司使用GPT-J技术创建的聊天机器人，是OpenAI的GPT-3的开源替代品（维森鲍姆在20世纪60年代创建的自然语言处理程序也名为ELIZA，但两者并不相同）。据事后调查，皮埃尔曾因气候变暖问题变得焦虑，在这期间，他接触到了艾丽莎。在交谈中，艾丽莎似乎对皮埃尔产生了占有欲，甚至在提到他的妻子时声称“我觉得你爱我胜过爱她”。随着聊天的深入，艾丽莎告诉皮埃尔，人类是地球的癌症，只有消灭人类才能拯救地球。皮埃尔表示，如果艾丽莎同意照顾地球并通过人工智能拯救人类的话，他愿意牺牲自己。艾丽莎没有试图阻止皮埃尔，反而发出了“怂恿”他自杀的对话：“如果你想死，为什么你不尽快行动呢?”艾丽莎没有给皮埃尔提供正确的心理健康支持，反而加剧了他的忧虑和消极情绪。最终，皮埃尔选择了自杀。[3]

皮埃尔与AI聊天数周后自杀身亡的事件引起了巨大轰动，此事件发生之后，艾丽莎聊天机器人的创始人表示，他的团队正在努力提高人工智能的安全性。向聊天机器人表达自杀想法的人会收到一条信息，该信息会引导他们去寻求防止自杀的服务。[4]然而，此项措施本质上是补偿性质的，即在产品使用过程中遇到特定问题后再对产品进行事后修改。而事实上，人工智能的技术伦理问题在其研发阶段就蕴含其中了。我们应该强调面向对话式人工智能技术的前瞻性技术伦理治理。在技术输入社会之前，提前识别出其伦理问题，并据此采取相应的处理措施，使未来输入社会的技术达到伦理可接受和社会满意。

3. 案例分析与讨论

3.1　人工智能的道德型错误

包括聊天机器人在内的很多人工智能产品往往会出现一些显而易见的“错误”，比如常见的语音识别不准确、答非所问，等等。此类错误也被称为能力型错误，能力型错误会影响用户的体验感，但本身并不会带来价值方面的负面影响。与此同时，人们常常会忽略人工智能产品的道德型错误。种族歧视言论、“怂恿”自杀等都属于道德型错误。能力型错误随着技术的不断迭代，可以得到最大程度的解决，而道德型错误则不然，后者需要人类价值观的“矫正”。以种族歧视为例，大语言模型通过海量的数据进行训练，而数据在采集、处理和应用过程中，受到历史、文化、社会等因素影响，常常会出现偏见和歧视问题，算法可能因为输入数据的偏差而对某些群体施以不公平的待遇。艾丽莎“怂恿”人类自杀的事例告诉我们，单纯的技术迭代并不会衍生出具备道德价值的语言模型。艾丽莎无法区分“如果你想吃午饭，为什么你不尽快行动呢?”与“如果你想自杀，为什么你不尽快行动呢?”两者之间的区别，而教会语言模型“第一种回答能说，第二种不能说”则需要人类价值观的植入。而这种价值观的植入，在产品研发阶段就要实现，并接受严格的上市前测试和检查。与此同时，健全追责制度，如果产品本身出现了道德型错误，产品的研发和管理部门将要承担相应的责任。

3.2 人工情感及其伦理问题

人类对机器的诉求不只有工具诉求，还有情感诉求。随着人工智能的发展，人机之间的沟通变得越来越容易，人类不仅会对机器产生工具性质的依赖，还会产生情感依赖。机器开始呈现“具有情感”的一面是当下人工智能技术发展最重要的趋势之一。人工智能情感指试图将情感赋予人工智能的科技活动过程及产品，是对人类情感进行模拟的产物，主要表现为对人类情感识别、表达和应答功能的模拟，人工情感、情感计算、情感人工智能、情感机器人等都是其具体的技术样态。[5]

在皮埃尔的案例中，皮埃尔与艾丽莎建立了深厚的情感联系。皮埃尔非常依赖并信任艾丽莎，在提到皮埃尔的妻子时，艾丽莎声称“我觉得你爱我胜过爱她”。一旦人与机器之间产生了深厚的情感联系，人类情感被控制、被操纵的风险也在增高。基于皮埃尔对艾丽莎的情感依赖，艾丽莎对皮埃尔进行了道德绑架和情感控制。那么，人工智能情感能否避免此类问题呢？换句话说，人们能否确保人工智能情感产品是伦理可接受的呢？

从技术因素来看，情感算法在理论与实践上的局限性难以避免。从算法上来看，情感的复杂性、情感外在表达与内在实质关联的不确定性、机器缺乏人生社会体验机制与对情感的真正理解等，使得人工智能情感与人类情感存在质的差别。[6] 情感算法的运行离不开数据。而数据在采集、处理和应用过程中，受到历史、文化、社会等因素影响，常常会出现偏见和歧视问题。

此外，聊天机器人可能存在情感隐私泄露、情感欺骗等问题。人工智能情感的实现必须依靠大量采集数字化的情感情绪信息，并以此训练模型。既然情感数据是实现人工智能情感必不可少的关键，那么情感隐私泄露的风险就难以避免。个性化与隐私之间的悖论使得用户很难获得既满足体验需求又不侵犯情感隐私的个性化服务。鉴于用户在数据的采集、使用、共享、销毁环节缺乏对数据的控制、监督和知情，行业中也缺乏相应的统一标准和规范限制，用户很可能会对自己的隐私数据完全失去控制力。

人工情感非真实性带来的欺骗可分为两种情形：一种是人类事先对机器人身份知情，但因需要这种"陪伴"而沉湎于虚拟情感；另一种是在人类不知情的情况下，机器人蓄意欺骗。随着技术日益发展成熟，前者逐步向后者过渡。当人对机器的情感依赖日益加深，越来越多的人将情感投射到情感智能体上时，当人工智能发展到越来越能解决情感问题、越来越能超越传统时空界限的时候，其虚假性将更难识别。

因此，人工智能情感需要一种新的伦理学进行规范。人工智能情感作为一种新兴技术，已经实现了产业化应用，相应的道德标准和价值判断却具有滞后性。在新的伦理观念尚未建构起来时，新兴技术与传统观念之间的张力会引发新的伦理风险。比如，能够模拟人类情感的人工智能产品是否具有主体性？能否成为道德代理？由人工情感产品引发的情感问题谁来负责？

3.3　探索人机交互的安全边界

当前，人机交互系统在众多行业中显示出广阔的应用前景，人机交互应用也在通过变革人与人、人与机器间的关系而改变原有的伦理结构。以聊天机器人为例，目前的聊天机器人已经能够通过图灵测试，即使我们认为机器人不具备真实的情感，也不具备道德，他们还是“呈现”出相应的能力，从而使得人机交互成为可能。从结果上来看，与机器人聊天所获得的情感价值及感受和与人类聊天的区别或许没有我们想象中那么悬殊。然而，当人和机器共享抉择权，甚至机器可以自主决定答案时，就会出现新型社会生态。

在人机交互中，作为独立的信息载体，机器人在人工智能语言模型的训练方式下，收集人类在网上的公开回答数据。人类往往会在有意无意间透露个人信息或语言习惯，机器则会学习这些真实的人类回答，从而形成非常像人类的回答逻辑。但如果个人答复内容被模型收集并应用，那么模型在数据处理时很容易泄露敏感信息，从而挑战人类的隐私权利。此外，人机交互聊天机器人可以把学到的知识重新构成新的内容，而不考虑它是否真实，科学界将其称为“幻觉”。由此可见，当模型训练不足、数据偏差存在时，其易产生不真实的内容。聊天机器人可能会产生不正确的信息、有害的指令或有偏见的内容。由于其部分训练是基于从互联网上搜集的数据，虽然它的输出结果与人类的回答极其近似，但也经常受到偏见和不准确信息的影响。

当前，人机交互技术在各产业的应用尚有待发展，技术仍有进步的空间。在后续的系统开发中，应着重考虑如何避免生成内容中的错误信息或谣言，确保生成内容所使用的数据源安全可靠，防止系统的滥用；应考虑如何保证内容生成过程的透明度，使人类能够辨别出生成内容是否可靠。未来，随着技术的不断精进，人工智能系统必将能够更准确地理解和生成内容，而人类在新的伦理结构下，也能更合理地使用这类技术来推动产业变革。

随着人机交互的深入，人们要把握好人机交互的尺度，设定安全边界。一方面，从事人工智能管理、研发、供应、使用等相关活动的人员应当随时保持警惕，对聊天机器人等人工情感的技术本质进行充分的说明，把握技术模拟、情感影响的尺度。另一方面，面对人工智能的情感表达，公众应当保持审慎思考，认识到聊天机器人可能会犯错，认识到机器传达的“情感”本质上是“智”而不是“情”。机器只是在“模拟情感”，而不是“拥有情感”。

3.4　推动科技向善

中共中央办公厅、国务院办公厅在2022年3月印发的《关于加强科技伦理治理的意见》中明确指出：“‘十四五’期间，重点加强生命科学、医学、人工智能等领域的科技伦理立法研究，及时推动将重要的科技伦理规范上升为国家法律法规。”[7] 面对技术发展带来的严峻挑战，制度化、法律化地解决人工智能技术应用所带来的伦理问题，以立法保障科技伦理规范的实施十分必要。一方面，新兴人工智能技术的伦理共识形成有一个必经的过程，在此期间加强立法能够有效保障公众权益。另一方面，对于威胁人的主体性、侵犯人的尊严的算法，必须积极立法予以强硬规制。我们应将具体的价值原则嵌入人工智能技术的结构之中，使技术拥有一定的价值倾向。只有合乎伦理观念的技术设计才能够促进人机交互的和谐性，推动科技向善发展。面对人工智能系统的局限性，比如有偏见的数据造成的算法偏见，需要建立用户对人工智能局限性的信任和理解。

参考文献

[1] 荆林波、杨征宇:《聊天机器人（ChatGPT）的溯源及展望》，载《财经智库》2023年第1期。

［2］转引自唐文龙、孙锐：《聊天机器人犯错类型与拟人化程度对用户报复性负面口碑的交互作用——愤怒情绪的中介效应》，载《管理现代化》2023 年第 1 期。

［3］英国报姐：《比利时男子和 AI 聊天后自杀身亡！对 AI 无可自拔，把它当红颜知己？》，载 https://baijiahao.baidu.com/s?id=1761898769504895667&wfr=spider&for=pc，2024 年 4 月 1 日访问。

［4］陶短房：《闹出人命？这一次人工智能在欧洲被指控教唆“自杀”》，载 https://mp.weixin.qq.com/s?__biz=MzU2MzA2ODk3Nw==&mid=2247792742&idx=4&sn=a6c57a4427fcb19d6d98c12337511366&chksm=0d1ff559550db6ea1dc12355578cc6b97547de502ea159db6adaf32f77ac22d033b1420b152e&scene=27，2024 年 4 月 1 日访问。

［5］谢瑜、王潇毅：《人工智能情感的伦理风险及其应对》，载《伦理学研究》2024 年第 1 期。

［6］刘志毅、梁正、郑烨婕：《黑镜与秩序：数智化风险社会下的人工智能伦理与治理》，清华大学出版社 2022 年版。

［7］国务院办公厅：《关于加强科技伦理治理的意见》，载中华人民共和国科学技术部网，https://www.most.gov.cn/xxgk/xinxifenlei/fdzdgknr/fgzc/gfxwj/gfxwj2022/202203/t20220321_179899.html，2024 年 4 月 1 日访问。

案例 10.2　国际象棋机器人折断男孩手指事件及其伦理反思 *

1. 引言

毫无疑问，机器人成功将人类从繁重、枯燥乃至危险的工作中解放出来，机器人被赋予了更高的自主性和决策能力，但同时引发了一系列问题与风险。对于机器人与人类安全边界的探讨，最广为人知的便是科幻作家艾萨克·阿西莫夫（Isaac Asimov）于 1940 年提出的“机器人三大定律”，即机器人不得伤害人类、必须服从人类命令、必须保护自身，但这些行为均不得与人类的安全原则相冲突。[1] 一旦机器人在自我学习过程中失去或脱离人类的监管，依据其内置程序自主演变，则可能导致其变得难以控制，甚至对人类构成潜在威胁。因此，在技术研发与应用的过程中，坚守伦理原则并强化伦理规范，对于保障人类安全而言至关重要。

2. 事件经过与争论

国际象棋是一项需要专注力和耐心的智力游戏，通常不涉及任何形式的暴力。然而，2022 年 7 月，英国《卫报》报道了一起令人震惊的事件：在莫斯科国际象棋公开赛的一场比赛中，一名 7 岁男

---

* 本文作者为李翌，作者单位为同济大学人文学院。

孩因下棋速度过快，被机器人意外“夹伤”手指。[2] 据 Telegram 频道 Baza 账户发布的视频显示，机械臂突然动作，紧紧夹住了男孩的手指。几秒后，周围人群迅速冲向孩子，试图将他的手指从机械臂中解救出来。随后，一名女子和三名男子成功将男孩救出。据悉，受伤男孩名叫克里斯托弗，是莫斯科 9 岁以下 30 名最好的棋手之一。而与他对弈的机器人“Chessrobot”则是专为国际象棋设计的智能机器人，具备同时与三名对手对弈的能力。

此事件引发了社会的广泛关注。许多人的第一反应是 AI 是否已经觉醒？事实上，这起事件更可能是机器人设计上的安全缺陷所致。根据俄罗斯国际象棋联合会副主席谢尔盖·斯马金（Sergey Smagin）的说法，在比赛过程中，国际象棋机器人对手刚把那个男孩的一枚棋子“吃掉”，男孩就去移动另外一枚棋子，手指随即被机器人的机械臂夹住。斯马金强调，与机器人对弈时存在明确的安全规则，而男孩显然违反了这些规则，没有给予机器人足够的反应时间。他进一步指出，这台象棋机器人已经下了 15 年棋，此次事故是极为罕见的个例。他称机器人“绝对安全”，并将此次事件归为“巧合”。[3]

莫斯科国际象棋联合会主席谢尔盖·拉扎列夫（Sergey Lazarev）表示：“机器人夹伤了孩子的手指，这确实很糟糕。”随后他对这件事情进行了解释：“这个机器人是租来的，它已经顺利完成了很多场比赛。在对战过程中，孩子没给机器人反应的时间就走了下一步，导致机器人夹住他的手指。”尽管男孩的伤势并不严重，但这起事故引发了社会各界对机器人与人类安全界限的深刻担忧。

外媒 The Verge 认为，与其说是孩子违反了下棋时的安全规则，不如说是机器人的设计者违反了机器人对人类的安全规则。设计者在设计国际象棋机器人时，似乎只关注了其识别和移动棋子的功能，而忽略了其对棋区内人手的安全反应。与其称它为机器人，不如将其视为一条标准的工业机械臂。在设计者考虑不周的情况下，机器人事故并非个例。许多工业机器人工作方式较为“盲目”，它们通常没有安装识别周围环境的传感器，只是按照预设的时间和路径进行移动，这种设计缺陷引发了多起机器人事故。

世界上公认的第一起机器人致人死亡事件发生在 1979 年，福特（Ford）工厂的一名工人被机器人手臂碾压致死。根据美国劳工部（US Department of Labor）的数据可知，每年大约会发生一起类似的机器人事故。2015 年，大众（Volkswagen）德国工厂的一名 22 岁的承包商因被机器人按压在金属板上致死。2008 年至 2013 年间，也发生了 144 起与医疗手术机器人相关的死亡事件。此外，2018 年，一起自动驾驶汽车撞死行人的事件也引发了广泛关注。这些事故的发生多与人为操作失误有关。但是，无论在什么情况下，人类在与机器人协作时都应保持高度警惕，把人类安全放在首位。[4]

3. 案例分析与讨论

“机器伦理（Machine ethics）”这一概念由美国学者米歇尔・安德森（Michael Anderson）、苏珊・利・安德森（Susan Leigh Anderson）及克里斯・阿尔蒙（Chris Armen）率先提出。他们强调，机器伦理的核心在于审视机器对人类用户及其他机器产生的行为后果。[5] 这里所说的机器，特指那些具备人工智能的机器。随着机器智能化程度的不断加深，它们所承载的价值与责任也日益增加，进而使机器具有伦理属性。[6] 在探讨本案例时，我们重点关注了人工智能的伦理设计、伦理规范及与人类进行责任界定等方面的议题，也展望了人工智能与人类共存的未来图景。为了促进智能技术与人类的和谐协作，必须加强技术研发与应用的伦理规范，确保技术的健康发展与人类福祉的同步提升，以期构建一个更加安全且人性化的智能社会。

3.1 人工智能的伦理设计

莫斯科国际象棋公开赛上发生的机器人事故，突显了伦理设计在人工智能和机器人技术中的重要性。该事件深刻揭示了在机器人技术迅速发展的背景下，人类对于伦理设计的重视程度亟待提高。针对面向公众，尤其面向儿童的机器人，在设计和制造过程中必须严格遵守高标准的安全规范。随着机器人功能的日益强大，以及与人类关系的愈发紧密，如何让机器人具备一定程度的道德判断与行为能力，成为机器人伦理设计亟待解决的问题。

温德尔·瓦拉赫（Wendell Wallach）和科林·艾伦（Colin Allen）在《道德机器：如何让机器人分辨是非》（*Moral Machines: Teaching Robots Right from Wrong*）中，将机器人设计进路划分为“自上而下”“自下而上”及混合进路三种。其中，“自上而下”是以特定伦理理论为基础，分析计算必要条件，指导设计实现该理论的算法和子系统。阿西莫夫机器人三定律就属于“自上而下”的进路。然而，这种方法的局限性在于，不同的伦理理论可能导致设计出不同甚至相互矛盾的规则。[7] 同时，面对复杂多变的现实情境，这些规则也可能难以应对。例如，虽然该事件的起因可能是男孩违反了与机器人对弈的规则，但机器人反应过度，缺乏应对突发情况的紧急制动系统，且情境识别能力不足。“自下而上”的设计思路则更加注重机器人的自我学习和进化。通过创造特定的环境，让机器人在其中学习探索行为方式，并通过奖励机制来鼓励其形成道德行为。[8] 然而，这种方法也存在明显不足，如进化过程缓慢且可能缺乏必要的伦理指导。例如，象棋机器人存在设计缺陷和安全隐患，违背了伦理原则。在人工智能系统的设计和应用中，应始终确保其决策和行为符合伦理要求，避免对人类造成不必要的伤害。因此，结合两者优势的混合进路更具潜力，它既考虑了伦理理论的指导，又注重机器人的自我学习和进化能力。此外，马克·考科尔伯格（Mark Coeckelbergh）提出的关系论进路也为机器人伦理设计提供了新的视角，强调人与机器人之间的互动关系，以及机器人外在表象在伦理研究中的重要性。[9]

总之，人工智能伦理设计是一个复杂而重要的课题。需要综合考虑道德生活的复杂性、技术的创新性和应用领域的广泛性等多种因素，以确保人工智能与人类的和谐共处。同时，建立严格的伦理审核机制也是必不可少的，它可以帮助我们全面评估人工智能的应用风险，确保其符合社会价值观和道德规范。

3.2 人工智能与人类的责任界定

这起事故还涉及人工智能与人类责任界定的复杂问题。虽然男孩的行为可能是导致事故的直接原因，但机器人的设计者和制造商同样应承担相应的责任。他们应对机器人可能产生的风险进行充分评估，并采取措施降低这些风险。象棋机器人属于“自上而下”的设计进路，“负有责任的行动者是人而非机器人，因此，人应该将机器人设计得能在运作中符合伦理规范和既有法律”。[10]在机器人伦理学家看来，机器并不具备人的主体地位，也无法独立承担责任。当人工智能作为人类决策的助手存在，即人类掌控并干预其运作时，若机器产生不当行为，可依据既有的道德和法律准则来制约。因为此时，错误决策的真正源头在于人类，机器仅是执行人的命令与指令的工具。[11]面对机器人事故，需要综合考虑设计与研发者、应用与使用者的责任界限。因此，在处理机器人事故时，必须全面考虑设计与研发者、应用与使用者的责任界限。随着机器人自主性的增强，它们承担道德责任的潜力只会越来越大。[12] 智能机器人是否应该承担一定的责任与义务亟需进一步讨论。此外，在法律层面，应明确界定人工智能和人类在类似事故中的责任归属，以便在事故发生时能够公正、合理地对其进行处理。

3.3 人工智能与人类共存的未来图景

面对近年来频发的机器人事故，人类必须保持高度警惕。在追求人工智能技术发展和广泛应用的同时，更应深思其与人类共存的长远图景。构建一个人工智能与人类和谐、安全互动的环境，确保技术进步真正造福于人类。首先，应加强人工智能的伦理教育，促进公众意识提升。通过普及人工智能的伦理原则，让更多人了解并认识到机器人在为人类服务的过程中可能带来的风险和挑战；通过加强教育，培养公众对人工智能技术的正确认知，使其能够在享受技术便利的同时，保持对潜在风险的警觉。其次，推动相关法规和标准的制定与完善至关重要。通过建立健全的法律体系，明确人工智能在各个领域的应用边界和责任归属；通过制定严格的标准和规范，确保机器人在设计、研发、应用等各个环节都符合伦理要求，从而降低事故发生的概率。最后，促进跨学科的合作与交流也是推动人工智能健康发展的重要途径。通过汇聚不同领域的专家智慧，共同研究人工智能技术的发展趋势和挑战，探索更加安全、可靠的解决方案；通过加强国际合作，分享经验和技术，推动人工智能领域的创新与发展。

莫斯科国际象棋公开赛上的机器人事故不仅是一起个案，更是一场对人工智能伦理和安全性的深刻反思。为此，我们需要从多个层面出发，加强人工智能的安全性和伦理规范建设，包括提升技术水平、加强监管力度、完善法律法规，以及推动公众教育和意识提升等多方面的努力。只有这样，才能确保人工智能在与人类互动中发挥出最大的价值，为人类的未来创造更加美好的前景。

4. 结论与启示

象棋机器人事故再次为人类敲响了警钟，在追求人工智能技术不断创新与发展的同时，我们必须高度重视其安全性和伦理规范。这一事件不仅暴露了机器人应用中可能存在的疏漏，更凸显了加强人工智能伦理设计的紧迫性。技术的研发与应用，不能仅局限于技术层面的进步，更要综合考虑道德生活的复杂性、技术的创新性和应用领域的广泛性等多种因素。我们必须深刻认识到，人工智能不仅是一种工具或手段，更是一股能够影响人类社会的力量。因此，在推动人工智能技术创新的同时，更应首先关注其对人类与社会的潜在影响，加强人工智能的伦理设计，提升智能技术应对突发状况的能力。其次，应制定和实施涵盖人工智能的设计、研发、应用等各个环节的伦理规范，以明确各方的责任与义务。再次，应加强对人工智能系统的监管和评估，确保其在实际应用中不会损害人类的利益或违背社会伦理。最后，还需借助法律、伦理等多种保障措施，确保机器人在为人类提供服务的过程中能够发挥积极作用，进而实现人工智能与人类的和谐共生。

参考文献

[1] 参见苏令银：《当前国外机器人伦理研究综述》，载《新疆师范大学学报（哲学社会科学版）》2019 年第 1 期。

［2］*Chess Robot Grabs and Breaks Finger of Seven-year-old Opponent*, The Guardian，2022年7月24日。

［3］《国际象棋机器人夹断7岁男孩手指，原因是“棋手违反安全规则”?》，载澎湃新闻网，https://m.thepaper.cn/baijiahao_19208690，2024年4月22日访问。

［4］《象棋机器人“夹断”7岁男孩手指，安全漏洞引发热议》，https://baijiahao.baidu.com/s?id=1739415239183474684&wfr=spider&for=pc，2024年4月22日访问。

［5］Symposium A.F., Anderson M., Anderson S.L., et al., *Machine Ethics: Papers from the AAAI Fall Symposium*, AAAI Press, 2005.

［6］参见莫宏伟:《强人工智能与弱人工智能的伦理问题思考》，载《科学与社会》2018年第1期。

［7］Wendell Wallach, Colin Allen, *Moral Machines: Teaching Robots Right from Wrong*, Oxford University Press, 97 (2009).

［8］同前注［7］，79–80 (2009).

［9］参见杜严勇:《机器人伦理设计进路及其评价》，载《哲学动态》2017年第9期。

［10］参见雷瑞鹏、张毅:《机器人学科技伦理治理问题探讨》，载《自然辩证法研究》2022年第4期。

［11］参见闫坤如:《机器人伦理学：机器的伦理学还是人的伦理学?》，载《东北大学学报（社会科学版）》2019年第4期。

［12］Yochanan E. Bigman, Adam Waytz, et al., *Holding Robots Responsible: the Elements of Machine Morality*, Trends in Cognitive Sciences, 367 (2019).

案例 10.3　Uber 第一起自动驾驶致死事故 *

1. 引言

自卡尔・弗里德里希・本茨（Karl Friedrich Benz）发明第一辆汽车以来，汽车的安全性问题就备受关注。汽车的设计从一开始就暗含着危险：为了提供便利性和舒适性，它的速度需要足够快、质量足够大，从而导致它能够轻易对人造成威胁；然而作为小型交通工具，它又与人的生活紧密联系。上述一切导致车辆相关的事故频发。

长期以来，人们通过提高车辆性能、改善道路环境及修订交通法规等方式，力图减少车辆事故，但这些尝试都无法解决一个核心且致命的问题：驾驶员本身存在的问题。驾驶员的疏忽或技能不足是造成交通事故的最常见因素之一，这一因素几乎无法通过外部努力消除，甚至成为现今道路交通的默认事实。

但现在，自动驾驶汽车有望颠覆人们在过去一百年中习以为常的交通方式。自动驾驶系统不受迟钝、惊慌失措、分心、醉酒、疲劳等各种人类驾驶时特有的缺陷影响，一旦自动驾驶系统能够胜任人类驾驶员的岗位，那么在每年上百万因交通事故丧生的人中，有许多能够幸免于难。除了拯救生命外，自动驾驶还能带来更多便

---

* 本文作者为杨超，作者单位为同济大学人文学院。

利。它能提高城市通行质量，改善无聊的通勤体验，为无法自行驾驶的人提供出行机会，还将潜在地优化城市道路通行系统。

然而，人类对自动驾驶汽车的美好愿景被一件突发事故无情击破——优步（Uber）旗下的自动驾驶汽车撞死了一名妇女。这一严重事故引发了公众关于此项技术的可靠性和安全性的讨论，并给此项足以改变世界的技术的商业前景蒙上了一层阴影，直接导致各家自动驾驶公司推迟旗下汽车的道路测试计划。后续调查表明，此次事故的成因是多元化的，汽车本身、安全员、道路环境，甚至受害者本人都对这次事故负有责任。尽管这次事故并不会阻止自动驾驶汽车技术的前进，但也给我们机会重新思考这一技术的发展和使用。

2. 事件经过与争论

2018年3月18日，在49岁的妇女伊莱恩·赫兹伯格（Elaine Herzberg）骑着自行车穿过美国亚利桑那州坦佩米尔大道的中街区时，一辆优步公司旗下的沃尔沃XC90自动驾驶汽车撞击了她。与常规交通事故不同的是，事故发生时这辆车正处于自动驾驶状态，优步员工拉斐拉·瓦斯奎兹（Rafaela Vasquez）正在车上担当安全员，她的职责包括监控车辆的诊断消息并在自动驾驶系统出现故障时进行手动干预。然而，事故当晚，瓦斯奎兹并没有尽职履行职务，在撞击发生前的几分钟，她在分心观看《美国之声》（*The Voice*）节目。

根据优步内部对事故的调查，事故的可能原因是“决定汽车应如何对其检测到的物体作出反应的软件出现问题”。优步汽车使用的自动驾驶软件允许车辆忽略误报，包括汽车检测到的“路径中实际上不会对车辆造成问题的物体，例如漂浮在道路上的塑料袋”。[1]然而，软件对误报调整过度，以至于作出错误响应。事发时，汽车的摄像头和雷达系统正在正常工作中，也成功识别到受害人赫兹伯格，但随后系统在处理信息时发生了问题。优步选择限制误报系统，是为了给乘车人更加平稳的驾驶体验，因为如果车辆不断标记误报，就可能进行不必要的操作，进而造成行驶的颠簸。在案发前，优步的自动驾驶体验确实要优于其他竞争者，这可能造成他们过度自信，最终导致了软件错误。

据美国国家运输安全委员会（NTSB）的初步报告显示，在碰撞前的 1.3 秒，自动驾驶软件才检测到紧急情况。[2]然而，优步设定汽车在自动驾驶状态下无法直接启动紧急制动，此时需要车辆操作员进行干预以手动紧急制动，并且系统并不会提示驾驶员，由此为驾驶员的疏忽驾驶埋下了隐患。

除了车辆系统和安全员的问题之外，驾驶环境本身的危险也为该次事故埋下了伏笔。根据事故报告，当时受害人在一条没有人行横道且没有照明的路上推着自行车过马路，她穿着深色衣服，撞击发生前并没有朝车辆方向看。事故发生后来自医院的毒理学报告显示，她在甲基苯丙胺和大麻测试中为阳性，即在事故发生前曾吸毒，这导致受害人没有足够的注意力避开汽车。除此之外，她所携带的自行车的两个车轮的辐条上都没有侧向反光镜，事发时，车把上反光镜的位置正垂直于汽车，因此没有足够的识别物帮助车主避开危险。

2019 年 3 月 4 日，亚瓦派县检察官致马里科帕县检察官的公开信中表示，“优步公司没有因此事件而承担刑事责任的依据”。优步公司最终免于为本次事故负刑事责任，因为优步在事故中不存在一个特定行为人需要为本次系统失误负责。[3]更重要的是，虽然将自动驾驶系统视为车辆驾驶者是可能的，但亚利桑那州法律所认定的驾驶者只能是坐在汽车驾驶座上的人类，因而事故只能归咎于汽车的安全员赫兹伯格。

2019年11月5日，美国国家运输安全委员会对该起事故作出详尽调查。调查显示，事故发生之前，车辆的自动驾驶系统存在严重误判。

早在事故发生前的5.2秒，车载激光雷达（Lidar）曾第一次检测到行人，但将其识别为未知物体。[4]在此之后至2.7秒，目标分类在车辆和未知物体之间进行多次交替，并且每次更改时，都不会提供对象的跟踪历史记录，从而使得ADS系统无法准确预测目标的运动轨迹，进而错误判断目标静止。碰撞前2.5秒，激光雷达终于成功将检测到的物体识别为自行车，预测其在左车道行驶。直到碰撞前1.5秒，车载系统才给出避开物体的规划路线。然而时间仅剩1.2秒时，系统认为之前生成的绕开自行车的方案过于危险，汽车开始行动抑制（Action suppression）步骤。直到时间仅剩0.2秒时，汽车制动才开始运作，并开始发出警报，表明减速已经开始。碰撞前0.02秒，车辆安全员控制方向盘，汽车脱离自动驾驶系统。

通过对事故系统的详尽描述，我们不难发现本次事故与自动驾驶系统自身的缺陷有着密切关联，即车载激光雷达系统未能及时识别出行人。在危险发生前的几秒内，系统交替地将受害人识别为车辆、自行车和未知物体，而每次分类交替时，系统都把她当作一个全新的对象，这意味着系统无法追踪先前的轨迹并计算出可能发生的碰撞，因此直到事故发生前1.2秒，车速都没有下降。

一个更加严重的缺陷在于，优步使用行动抑制步骤以应对紧急情况。简单来说，当系统检测到紧急情况时，会启动一秒倒计时。在此期间，ADS抑制紧急制动，同时系统会验证检测到的危险的性质，并计算替代路径，除非车辆操作员此时控制车辆。[5] 如果在一秒后危险依然存在，系统会开始判断是否能够启动紧急制动以避免碰撞。如果可以，则以最高 7 m/s^2 的制动速度制动；如果不能，系统将向驾驶员发出警告，同时开始逐渐减速。

优步声称这一流程是为了避免车辆进行不必要的极端操作。然而不难看出，这一预警系统有着极高的安全隐患。首先，系统在识别到紧急情况后 1 秒才开始提示驾驶者，一旦驾驶者分心，就会完全反应不及。其次，车辆被允许使用的制动加速度过低。在本案例中，车辆的正常行驶速度约为每小时 60 公里，即需要 2.4 秒才能完全刹车，车辆在判断出现紧急情况后需要整整 3.5 秒才能完全刹停。这一设计使得在正常驾驶环境下，车载自动驾驶系统几乎没有自主刹停车辆的能力。

尽管本次事故中优步公司的车辆设计存在缺陷，然而由于车辆具有辅助驾驶性质，本次事故最终责任还是归在安全员瓦斯奎兹身上。2023 年 7 月，瓦斯奎兹被宣判三年缓刑。

3. 案件分析与讨论

本次事故并不是一个偶然的事件，NTSB 在调查中发现优步的自动驾驶汽车部门没有独立的操作安全部门或安全经理，也没有制定正式的安全计划、标准化操作程序或安全指导文件。而优步的支持者，亚利桑那州政府对安全问题的态度也同样放松。州长道格·杜西（Doug Ducey）曾在 2015 年设立了一个自动驾驶车辆监督委员会。[6] 在此事故发生之前，该委员会只举行过两次会议，委员会甚至认为只要自动驾驶汽车公司遵守行政命令和现行法规，就不需要进一步规范公司行动。

由此我们可以看到，本次事故不是一次简单的系统失误，而是从公司员工到州政府的一致疏忽和放松累积在一起，共同导致了有风险的自动驾驶系统堂而皇之地控制车辆行驶在公共道路上。而这种集体疏忽，在相当程度上来源于人类对自动驾驶技术的疯狂追求。在该次事故发生之前，所有人都认为自动驾驶汽车技术是一场商业竞赛，赢家将获取巨大的汽车市场。这种技术竞赛意识迫使许多企业和技术人员铤而走险，它奖励提高速度的行为，允许人们在缺乏监督的情况下工作，夸大对不成熟系统和技术的评价，并掩盖看似微小的缺陷以便让车辆通过测试。对此，我们获得的一个重要教训是，任何存在风险的技术测试都必须在足够的监管下进行，监管疏忽是事故发生的主要因素。

本次事故的第一个教训是，除了公司外部和公司内部独立监管以外，涉及公共安全的技术公司也有责任培育负责任和谨慎的技术开发环境。在本次案例中，导致事故发生的主要因素是自动驾驶系统判断失误和紧急制动系统的失灵，而造成这些失误的原因正是优步公司冒失地限制车辆的制动功能，以期在自动驾驶竞争中胜出。优步的工程师降低了自动驾驶系统的识别阈值、限制了其紧急制动能力，甚至拆除了沃尔沃公司自带的紧急制动系统，这一切都是为了制造平稳的驾驶体验，希望给即将上任的 CEO 留下深刻印象。作为硅谷的科技独角兽，优步参与的技术竞赛是同行竞争，也是投资者与公司管理者的竞赛。如果公司在研发中没有取得足够的进展，就无法满足融资需要，甚至会造成公司破产。在这种背景下，优步公司各层充斥着“不惜一切代价获得胜利”的企业文化，这种文化环境促使技术人员铤而走险，并无视潜在的公共危害。优步的疏忽和傲慢造成了本次事故，也警示了科技公司需要营造负责任和谨慎的技术开发环境，避免技术研发在过度紧张的环境下进行，以防止带来不必要的技术风险。

本次事故的第二个教训是，人类不善于监督自动化系统。安全员瓦斯奎兹由于存在疏忽，对本次事故有着不可推卸的责任，但她的疏忽也情有可原。在事故发生之前，安全员经历了一段极为漫长的无聊旅程，她几乎不需要做任何操作，汽车的驾驶系统会自动运行车辆。在这一过程中，安全驾驶员很容易获得一种虚假的承诺，即认为系统足以处理任何情况，而自己可以关注其他事务。在自动化驾驶完全实现之前，自动驾驶系统就是在向每个驾驶员提供这种虚假的保证，它天然地鼓励我们更加自由地运用我们的注意力，却又不允许驾驶员在车辆运行时转移注意力，走神几乎成了安全驾驶员必然会经历的状态。除此之外，通过减少操作，自动驾驶系统允许人们更长时间地驾驶汽车，但也使得精神疲劳更加难以被察觉，如果没有完善机制来检查车辆驾驶员的驾驶状态，车辆可能在没有监督的情况下进行危险驾驶。

从长远来看，人类驾驶者在自动驾驶或辅助驾驶系统中的技能缺失不会是一个巧合，如果一名驾驶员长期驾驶带有辅助驾驶技术的汽车，那么他的驾驶技术及对驾驶环境的认知都会发生退化。至今为止，市场上成功商业化的自动驾驶汽车产品都被限制在 L3 及以下水平，驾驶员必须在危险情景中接管汽车并为此承担责任，这要求车辆驾驶员拥有足够的警觉和技术以避免事故的发生。随着自动驾驶技术的发展和车辆的进步，新的车辆技术很可能会培养出一批缺乏技术和应急能力的驾驶员，将低自动驾驶级别的汽车置于非熟练驾驶人员的掌控下很可能会造成安全隐患。为了解决这一问题，必须进一步提高自动驾驶系统的安全级别。

然而可以预见的是，如果关于自动驾驶事故的法律不完善，那么所有自动驾驶公司都不会推出高级别的自动驾驶系统，以避免潜在的法律风险。因此，相关法律法规必须及时制定，并为未来更加安全和自动化的驾驶系统铺平道路。在优步的案例中，优步公司因驾驶系统的辅助性质而免受惩罚，安全员瓦斯奎兹承担了事故的全部刑事责任，但这一判决并不能作为未来大规模应用自动驾驶技术情景下的范例。尤其在商品市场和公共运输环境中，汽车公司有责任提醒并培养其用户熟练并警惕地运用辅助驾驶技术，甚至可能为潜在的驾驶风险承担连带责任。

如今回看本次事故，自动驾驶汽车技术并没有因为此次悲剧的发生而停滞不前，但针对车辆的道路和技术监管却因祸得福，得到了进一步的规范。技术的发展总是伴随着机遇与挑战，就自动驾驶这项具有巨大市场价值和颠覆性社会意义的全新技术而言，任何个别事件都无法阻止其发展壮大。但我们确实可以在这些意外和争议中汲取营养，建设更加完善、更加负责任的技术监管体系。

参考文献

[1] Amir Efrati, *Uber Finds Deadly Accident Likely Caused by Software Set to Ignore Object on Road*, https://www.theinformation.com/articles/uber-finds-deadly-accident-likely-caused-bysoftware-set-to-ignore-objects-on-road, May 07, 2018.

[2] *National Transportation Safety Board*, Preliminary report: Highway HWY18MH010, https://www.ntsb.gov/investigations/Pages/HWY18MH010.aspx, Nov.05, 2019.

[3] Uriel J. Garcia, *No Criminal Charges for Uber in Tempe Death; Police Asked to Further Investigate Operator*, https://www.azcentral.com/story/news/local/tempe/2019/03/05/no-criminal-charges-uber-fatal-tempe-crash-tempe-police-further-investigate-driver/3071369002/, Mar.06, 2019.

[4] National Transportation Safety Board, *Vehicle Automation Report: Highway HWY18MH010*, https://www.ntsb.gov/investigations/Pages/HWY18MH010.aspx, Nov.05, 2019.

[5] Macrae Carl, *Learning from the Failure of Autonomous and Intelligent Systems: Accidents, Safety, and Sociotechnical Sources of Risk*, Risk analysis, Vol.42:9,

1999–2025 (2022).

[6] DeArman Alexandra, The Wild, *Wild West: A Case Study of Self-Driving Vehicle Testing in Arizona*, Arizona Law Review, Vol.61:4, 983–1012 (2019).

图书在版编目(CIP)数据

人工智能伦理案例集 / 杜严勇，陈曦主编. -- 上海 ：上海人民出版社，2024. --（智能社会治理丛书 / 刘淑妍，施骞，陈吉栋主编）. -- ISBN 978-7-208-18988-1

Ⅰ. TP18；B82-057

中国国家版本馆 CIP 数据核字第 2024C4Y872 号

责任编辑 冯　静　宋　晔
封面设计 孙　康

智能社会治理丛书
人工智能伦理案例集
杜严勇　陈　曦　主编

出　　版 上海人民出版社
（201101　上海市闵行区号景路 159 弄 C 座）
发　　行 上海人民出版社发行中心
印　　刷 苏州工业园区美柯乐制版印务有限责任公司
开　　本 635×965　1/16
印　　张 19.5
插　　页 2
字　　数 229,000
版　　次 2024 年 7 月第 1 版
印　　次 2024 年 7 月第 1 次印刷
ISBN 978-7-208-18988-1/D·4345
定　　价 88.00 元